桐庐文史资料第二十三辑

一缕乡愁

桐庐古建筑文化基因解码

王樟松　郑萍萍　主编

上册

浙江工商大学出版社
ZHEJIANG GONGSHANG UNIVERSITY PRESS

图书在版编目（CIP）数据

一缕乡愁：桐庐古建筑文化基因解码 / 王樟松，郑萍萍主编. — 杭州：浙江工商大学出版社，2022.12
ISBN 978-7-5178-5182-0

Ⅰ．①一… Ⅱ．①王… ②郑… Ⅲ．①古建筑－建筑文化－研究－桐庐县 Ⅳ．①TU-092.955.4

中国版本图书馆CIP数据核字(2022)第206494号

一缕乡愁：桐庐古建筑文化基因解码
YILV XIANGCHOU：TONGLU GU JIANZHU WENHUA JIYIN JIEMA

王樟松　郑萍萍　主　编

责任编辑	唐　红
责任校对	何小玲
封面设计	袁东明
责任印制	包建辉
出版发行	浙江工商大学出版社
	（杭州市教工路198号　邮政编码310012）
	（E-mail:zjgsupress @ 163.com）
	（网址:http://www.zjgsupress.com）
	电话：0571-81902043，88831806（传真）
排　　版	桐庐富春广告有限公司
印　　刷	杭州高腾印务有限公司
开　　本	710mm×1000mm　1/16
印　　张	26.5
字　　数	482千
版 印 次	2022年12月 第1版　2022年12月 第1次印刷
书　　号	ISBN 978-7-5178-5182-0
总 定 价	148.00元（全两册）

名人故居

桐庐古建筑文化基因解码

胡家芝故居：桐庐剪纸艺术的传承基地

李 龙

胡家芝故居位于桐君街道桐君路258号临街处，即原县人民医院后面，是我国著名民间剪纸艺术家胡家芝（1897—2010）的故居，是桐庐县老城区保存完好的少数几幢古建筑之一。该建筑建于清晚期，为四厢一厅二天井砖木结构二层楼房，临街而建，坐北朝南，建筑面积320平方米，其明间开间达8.4米。建筑结构稳固，雕刻精细，布局紧凑，是一座典型的晚清时期具有桐庐特色的民居类建筑。胡家芝故居的保护，对于研究桐庐县城的古民居特色和保存老县城的历史文化具有重要的意义。

据《桐庐负暄》记载，1937年日本侵华战争全面爆发，丰子恺一家为避难而按马湛翁之信，从石门湾经杭州六和塔到桐庐迎薰坊13号马一浮住处，三天后再举家迁到横村河头上。而当时马一浮暂时借住的迎薰坊13号，就是现在的胡家芝故居。

胡家芝故居

胡家芝故居位于县城繁华地段，周边多为商店及居民住宅区，交通方便，人流量密集。所以在修缮之前，在很长一段时间内被多户人家使用，建筑内增加了许多不合理隔断，且内部潮湿阴暗。20世纪90年代初，建筑作为直管公产被划归桐庐县房管处管理，一层出租作为商铺经营，二层空置后用于堆放杂物。因年久

失修及不合理使用，建筑破损严重，部分房间呈倒塌状态。2008年桐庐县委宣传部召集相关部门召开了胡家芝故居修缮协调会议，决定将修缮后的胡家芝故居作为胡家芝剪纸艺术陈列馆开放。2009年，县文管办组织对胡家芝故居进行了修缮，最大限度恢复故居的面貌和格局，对具有重要价值的牛腿、雀替、花枋等构件进行了清理和修复。同时结合胡家芝的剪纸艺术成就，将故居改造成胡家芝剪纸艺术馆，于2009年11月29日正式对外免费开放。

经过修缮和改造，特别是对胡家芝剪纸作品的陈列，故居成了一座集胡家芝生平剪纸作品展览、学术研究、第二课堂于一体的名人纪念馆。故居共分为两层，一层为大堂，设有办公区、中小学生剪纸作品展示区及中小学生第二课堂活动区3个区域；二层为胡家芝剪纸作品展厅，展出了胡家芝创作的一系列剪纸作品、胡家芝生前创作所用遗物、胡家芝生前所获各类奖项等。该馆是桐庐县唯一一座全面、专门展示胡家芝剪纸艺术成就的艺术馆。

胡家芝于1897年出生于桐庐县城，1952年随家人迁居南京，2010年3月在南京辞世，享年114岁。

胡家芝在长期的民俗活动和艺术实践中逐步掌握了民间剪纸的技艺并形成了自己独特的剪纸风格，特别是能用剪纸作品反映新时代的生活和思想感受。胡家芝剪纸100多年，有1000多件作品传世，先后参加全国、省、市级展览，受到广泛好评。叶浅予尊其为"启蒙老师"。

2004年，浙江省剪纸研究会授予胡家芝老人"浙江剪纸艺术终身荣誉奖"；2007年，第三届国际剪纸艺术展授予其"终身成就奖"及"浙江省非物质文化遗产（剪纸项目）荣誉传承人"称号。

现在，胡家芝故居不仅集中展现了胡家芝的剪纸艺术成就，还经常举办免费的少儿民间剪纸培训活动，成为剪纸艺术宣传和传承的重要物质载体，受到广大市民的热烈欢迎，并于2016年荣获"浙江省博物馆优秀青少年教育项目"称号；同时，胡家芝故居的成功转型，也为桐庐县的古建筑和历史建筑保护和利用提供了一个范本。

胡家芝故居现由桐庐县文联下属县文艺创作研究中心负责管理，每周除周一馆休外，正常工作时间均向公众免费开放。

姚思铨故居：依然故人对故山

黄水晶

姚思铨故居

姚思铨（1915—1943），又名万湜思，诗人、作家、木刻家、翻译家。桐庐凤鸣（今江南镇）板桥村人。姚思铨故居坐落在板桥村村北的一个小土坡上，是一座坐北朝南楼层低矮的三开间楼房。房子北面、西面，有一条不是很宽的村道。

姚思铨故居是一座清末传统民居。从房子结构可以看出，这座房子先是建造了东边两间，而后再拼出西边一间。东边先造的两间房子，东西长6.90米、南北宽8.15米，面积56.24平方米。房子北墙上开有三个窗户一扇边门，门上写有"安居"门额。房子南面原本没有砌墙，用木板作墙壁，两间房子都朝南开门，门前留出一块过道作前檐廊。后来房

子西面拼屋造出去一间一弄，屋主人就在造房子的时候，将房子南边的墙也砌了起来。现今的房子有三间一弄，南北长9.85米、东西宽5.20米，面积为51.22平方米。加上东边两间共107.46平方米。南大门上方写有"春风绣宇"，过道西面写有"怡情居"门额。

1915年初冬，姚思铨在这座房子里呱呱落地。他父亲当时在村里，算是个有文化的人。他给儿子起名"姚思铨"，首先是因为儿子的五行里缺金，"铨"字用作人名，在数理吉凶序列里是属于"吉"的。"铨"字本意是衡量轻重的"秤"，是一种秤物的衡具。古时候选拔官吏称"铨叙"。起名思铨，是想能被"铨叙"做官，这也是父亲对他寄予的希望。儿童时的姚思铨聪明好学，被村人称为神童。

1927年秋，姚思铨以第一名的成绩考入杭州第一中学。但是家人四处筹借，就是凑不够他上学的钱。紧要关头，还是姚家族人站出来筹集了部分"堂中钱"，总算为姚思铨读书凑够了学费。在杭州读书期间，姚思铨一直被经济所困扰，他的优异成绩和口袋里的身无分文，常常为同学所诧异。读书期间，姚思铨很怕回家，他清楚地知道家中已经一贫如洗，连最小的妹妹也因无力抚养而给人家做了童养媳。一种愧疚在他心中始终缠绕。因心情郁闷，加之营养不良，意外染上了肺病。1930年10月，姚思铨不得不辍学，回到故居养病。

刚回家时，姚思铨即把自己关在楼上的房间里，心情沮丧到了极点。"负笈悠悠已九年，豪志壮魄徒枉然，飘然浮生书墨换，依然故人对故山。"在家里，熟悉的环境给他带来了安全感，父母的精心照顾、村人的热心关怀，给了他身心与精神极大的抚慰，不久，姚思铨身体渐渐好转，他那颗因愤懑、焦灼而自闭的心灵，终于慢慢平复。

1931年9月，姚思铨离开故乡，考入浙江杭州师范学校。"九一八"事变后，他积极投身抗日救亡运动。此后，姚思铨与板桥村渐行渐远。

1937年抗战全面爆发，姚思铨带着家眷撤退到金华，途经桐庐时，回老家住了一夜，此后再也没能回来。

连三井：国民革命军二十八军驻地

吴满仓

连三井坐落在富春江南岸，白鹤峰下，天子岗山麓的桐庐县江南镇石泉村（俗称破石头）。抗日战争时期，连三井曾是国民革命军第二十八军军部驻地，是军长陶柳将军指挥抗击日寇的指挥部。2008年挂牌为桐庐县文物保护单位。

楼主吴道敬（1852—1917），清贡生，庠名汝明，字润卿，号尽诚。他是清末浙商风云人物，曾连任窄溪商会总董。清末桐庐知县何士循赠"热心公益"匾；民国桐庐第一任县长罗灿麟赠"劳谦致吉"匾；浙江总商赠匾云"急公好义"。楼主家境殷实，社会关系极好，而立之年斥巨资建造"连三井"。吴氏大概也没有想到，历史因这一楼房记下了他的名字，也为顶级的徽派建筑留下了历史的见证。

连三井始建于清光绪年间，特请徽州顶级设计师和工匠设计建造，占地面积约1500平方米，整座建筑分为正屋、台门、抱屋、附屋等。因房屋建筑宏大，设计师设计了三个天井巧妙解决屋内采光问题。其中，正屋两个天井，抱屋一个天井。正屋分为上堂前、中堂前、下堂前三个厅，房子坐西朝东。根据当时的风水学说，此屋必须建一个南北朝向的独立台门，因此就有了全国少有的正屋和台门朝向不同的建筑风格，台门长7.30米、宽

连三井

6.30米。连三井是江浙一带少有的大房子，20世纪70—80年代居住23户人家100多人，还是石泉大队第四生产小队的办公用房。

连三井的建筑风格，符合晚清的审美特点，具有实用性和科学性。墙体采用马头墙典型的穿斗抬梁式混合结构，外墙有当时最洋派的彩画。环视屋内，其装饰完全遵循晚清建筑风格，梁枋挂落，各式各样牛腿的木雕无不精致：花鸟虫鱼、飞禽走兽、神话人物无不栩栩如生。天井用青石板铺成，天井两旁厢房用两块特制的超大青石板砌成，很好地解决了天井雨水长年对厢房的侵蚀。巧妙的排水系统科学地解决了雨水的排放，100多年来从未出内部水患。天井里放着两口大缸，又名太平缸，常年盛满水，是当时用来防火的主要设施。

吴道敬娶三妻，正室为水滨乡前村徐宝业长女徐氏，侧室为嘉善县杨寿宝，又有侧室赵氏。生六子六女。民国六年（1917）吴道敬过辈，儿子吴可寿成为楼主。

吴可寿，学名康，字鸿飞，号仙山。曾任国民党桐庐县党部书记长，是一位有血性的爱国人士，在抗战最困难时期，坚决支持抗击日寇，为抗战捐款捐物，让出连三井整幢房子作为国民革命军二十八军陶柳将军的指挥部，将军于此指挥富春江一带军民共同抗敌。吴可寿和石泉村民都知道作为抗战指挥中心的后果，会给他的家人和村民带来灭顶之灾，可他仍说服村民，有国才有家。而石泉村民二话没说全力支持，且有很多村民捐款捐物，还为二十八军提供消息。后来日军占领杭州后，为寻找国民党和共产党的抗日武装，来到石泉村将村民吴卫炳杀死，并抓了吴见千作向导，寻找抗日武装，村民认为这次吴见千凶多吉少，后来他利用熟悉的地形逃回了家，真是万幸！

陶柳，国民革命军二十八军军长，中将军衔，是二十八军原军长陶广部下。陶广前期与共产党多次作战，战功不小，深受蒋介石的喜爱。抗日战争后期，思想发生变化，同情和支持共产党，与新四军相处较好，后来被蒋介石发现，将其软禁。在陶广的影响下，二十八军内部有较多的亲共军人。据村民吴国仓说："在抗战时期，国民党抓了一位地位很高的共产党领导人，送到了二十八军军部准备秘密处决。在武装营救不可能的情况下，共产党请来了30多位农村老太太，跪在连三井军部，列举了很多不能杀此人的理由，他们长跪不起，恳请陶军长放人，最后获得了成功。"

连三井被完整地保存了下来，为我们后人留下了巨大的财富。

王大田故居：将军的家国情怀

毛林芳

王大田故居

王大田故居位于桐庐县横村镇龙伏村45号，占地266平方米，属清代建筑，已被列入桐庐县文物保护单位。

王大田（1915—2002），曾用名王立宪、王奋生，历任山东军区炮兵参谋长、炮兵12师师长、济南军区炮兵副司令员（正军职）等职。他的故居建于民国四年（1915），坐北朝南，砖木结构，双坡硬山顶，三间二弄二进四厢三合式楼房。经过精心修缮，在四周新建民居楼的衬托下，这座古老建筑并不显得颓败苍凉，它耸立的马头墙流畅清丽，木纹门窗传递着温暖和质朴，白墙黑瓦透着古朴隽永的意味。王大田在此度过了他的青少年时期。

厅堂的两壁挂着王大田一生不同阶段的照片，还有他父母的老照片。其中一张照片，他穿着一身戎装，挺拔的身姿，眉眼间透着刚毅又温暖的神情。据他的侄儿王小兔老人回忆，在战争年代，因为叔叔身份特殊(中共地下党员)，为掩护身份，每次都是穿着蓑衣晚上归家。"当时只知道叔叔很忙很少回家，不知道他做着这么大的事情(指保家卫国)。"时隔多年，老人还能清晰地回忆起当年的场景。苍茫夜色中，王大田穿着蓑衣与家人匆匆相聚又匆忙分别。这些感人的点滴场景，是故居值得抒写与永远珍藏的故事。

　　让我们一起走进记忆的长河里，跟随照片上的身影去感受王大田追随红色热血革命的一生。王大田早年就读于严州中学，1933年毕业于杭州大陆高级测量学校。1938年在新四军驻浙江丽水办事处参加抗日救亡工作，走上革命道路。1939年加入中国共产党，组建桐庐县政工队党支部，大力开展抗日宣传活动，出墙报，组织宣传队演剧，开办妇女识字班、儿童歌咏队，组建小分队巡回演出等。1940年参加新四军，参加过淮海战役、渡江战役、厦门战役。1951年赴朝参战，被朝鲜政府授予二级自由独立勋章。1965年任济南军区炮兵副司令员（正军职）。1974年至1981年任济南军区炮兵副司令员。曾荣获三级自由独立勋章、二级解放勋章。2002年4月8日在济南逝世，享年87岁。照片呈现了王大田将军戎马倥偬的一生，一场场英勇的浴血奋战，一个个可歌可泣的斗争故事，是他浓郁家园情怀的另一种简洁而厚重的表达。

　　浓郁的家国情怀中，还包含着王大田对战友的情义。一则题为《一个炮兵副司令员与日本战俘的未了情》的故事流传甚广。那是在1944年，当时王大田在新四军1师1团任作战科长。他的部队在一次战役中，俘虏了一名日本炮兵中尉，叫山本胜。1945年夏，新四军1师奉命拔掉苏北平桥据点，交给王大田指挥。王大田了解到山本胜会打小钢炮，而且技术精湛，就让山本胜到炮兵连当炮手。可是他每次发炮，炮弹不是偏左就是偏右。王大田静下心来，这才发现这个小个头炮手左瞄右瞄地在装模作样。他知道山本胜一定认为日本人打日本人不光彩，于是严厉地说："山本胜，你听着，我们宽大是有条件的。如果你再不命中目标，我就执行战场纪律了……"山本胜开始矫正标尺，第一炮就轰掉了碉堡的一角，第二炮便炸塌了一面墙，没有几炮，便把整座炮楼轰成了废墟。"打得好，打得好！我要给你记功……"王大田激动地抱着山本胜，刚才的那些不愉快早就忘得一干二净了。从此山本胜跟随王大田转战南北，在作战中，山本胜表现英勇，荣立了二等功，还光荣地加入了中国共产党，介绍人就是王大田。在入党时，山本胜对王大田说："虽然我很不幸，参加了一场罪恶的战争，但是我又很幸运，我找到了真理。我想把我的名字改一下，今后就叫我林胜吧……"在这个感人的故事里，我们感受到了王大田血肉丰满、有情有义的军人形象。

　　王大田故居，交织着历史沧桑，承载着家国情怀。正是有千万位像王大田一样的革命者，为了民族的前途和国家的利益，毅然离开家乡奔赴战场，我们美好的家园才得以保全。"一玉口中国，一瓦顶成家，家是最小国，国是千万家。"这首歌唱出了人们心中朴素而美好的家国情怀。站在王大田故居前，深切地感受到有国才有家，家国永远两相依！

濮振声故居：我以我血荐轩辕

皇甫汉昌

濮振声故居

濮振声故居位于瑶琳镇高翔行政村石青自然村，建于清代。坐西朝东，石泥木混合结构，三间一弄，后部改小天井楼房，双坡硬山顶，马头墙。卵石台阶，石库大门，前堂设通道面三间明堂，南侧设有一楼梯，前步柱到后步柱明间置4柱9檩，后柱明间设有一只石板天井，天井南北两侧，各设一厢楼，2柱4檩。

1962年，桐庐县人民政府公布濮振声墓为桐庐县第一批县级文物保护单位。2000年，县人民政府发布《关于调整第一、二批文物保护单位的通知》，将殿山庙、濮振声故居、濮振声墓合并公布为濮振声起义旧址。

濮振声（1844—1907），字景潮。自小聪颖，少而好学，熟读《孟子》《论语》，年长后有志气、有学识的他候铨训导在家，始终不得入仕。其家境殷实，慷

慨好义，精技击，善医道，深得乡民拥戴。乡间出现争执，只要振声出面调解，"无不焕然冰释"，故被推任为分水、桐庐、富阳、新登、临安、於潜六县客民总董事。义和团运动爆发后，以保护乡里为名，创办反清武装组织宁清团，被推举为六县白布会首领。光绪二十八年（1902）十一月，亲率白布会千余会众，以灭天主堂为名，誓师殿山（今高翔殿山庙）传檄起义。建德白布会也赶来参加，响应者不下万人。十五日，率义军沿分水江而下，袭击驻方埠清军，缴获一批枪械，首战告捷。继而夜袭横村守备营，打得守军四处逃窜，接着又大败桐庐前来进剿的官兵。桐庐知县闻讯，一面急告省抚，要求派兵镇压；一面躬率邑绅赴濮营议和，欲以巨款收买濮振声，遣散其众，遭濮严词拒绝。浙江巡抚闻讯，急派观察黄书霖、省防军管带马长春、统领费全祖领军星夜赶来镇压。面对重兵压境，濮振声毫不畏惧，设行辕于横村三公庙，在牛岩坞、五里亭一带与清军展开激战。相持十余天，杀伤了一批清军，无奈清军越来越多。振声为保存实力，便引军撤离战场，欲从分水出於潜、昌化而入安徽境，联络党人再图起义。未料，义军抵百岁坊，清军已尾追而至。濮利用地形布阵抵抗，但血战数日，终因械缺弹尽，已无法再战。为了不让无辜同胞流血，振声果断做出决定：遣散义军，难以遣散的由其子濮厚贤率领向合村突围。自己则毅然自缚挺身而出，宣称一切皆自己所为，与他人无干。

起义失败后，濮振声被囚清营，严州六县绅董联名上书浙江巡抚讨保，巡抚聂缉规也慑于濮振声在民众中的威望，不敢杀，而将其软禁于仁和（杭州）县署，斩了其儿子濮厚贤以了事。身遭囚禁的濮振声，在狱中仍关心会党和白布会的事。次年，光复会领导人陶成章、魏兰，曾两次到监狱中探望。他向陶、魏两人详细介绍自己所掌握的各地会党及白布会情况，并交给他俩数十张联络名片和几封介绍信。陶、魏两人到桐、分等县会见白布会成员，宣传光复主张，并请濮振声一乡友在分水、於潜、临安组织敢死队，待命反清。光绪三十三年（1907）七月，濮振声在狱中病逝，享年六十四岁。辛亥武昌起义胜利后，中华民国追认他为"革命先驱"。

濮振声墓位于瑶琳镇高翔村火墙里自然村，建于清代。面东北，墓宽7.4米、高2.7米，墓前置圆形鹅卵石拜堂，进深7.7米、宽8米，拜堂坎高1.4米。

殿山庙位于瑶琳镇高翔村石青自然村的殿山上，清光绪三年（1877）由石青贡生濮振声等集资重修。庙长25米、宽15米，为前后二进，中间通面大天井。光绪二十八年（1902），濮振声率众万余人在殿山庙宣誓起义。中华人民共和国成立后，殿山庙曾先后被设为高翔小学和高翔初级中学教学点。

抗日先遣队五十五团指挥部旧址

王顺庆

　　分水镇百岁坊村百联自然村，有一幢建于清末的二层木结构老屋，老屋两边是青砖筑成的隔火墙，屋前有一个小院子，有围墙与外界隔离；小院子里有一个几十平方米的天井，天井用小卵石铺垫。

　　老屋坐北朝南，宽11.75米，屋与小院进深10.5米，屋深6.4米，三间两弄，两旁弄间较宽，青砖墙体20厘米厚。屋体全为木结构，有柱18根、牛腿6只，楼上前面三只大开窗有十八扇窗门，隔间全用杉木板；楼下三间，各有十二扇排门，加两边弄间有门窗，屋檐下有出檐板，青瓦盖顶，简朴古韵。此屋为当时该村财主何一文（抗战期间曾任淳安县警察局局长）祖居。

抗日先遣队五十五团指挥部旧址

　　1934年11月，红军抗日先遣队在百岁坊村驻扎近十天，就暂住在此屋，为红军临时指挥部。

　　1934年7月，中国共产党为反对日本帝国主义侵略，冲破国民党军队对中央革命根据地的"围剿"，减轻中央苏区的军事压力，派出由红七军团组成的北上抗日先

遣队北上抗日。

11月29日，红十九师在师长寻淮洲的带领下，以战斗力最强的五十五团为前卫，从淳安梅口出发，过岔口，翻探汉岭，东向袭击分水。上午10时许，红军大部队抵达合村，侦察连和五十五团先行出发，经百岁坊、富家、砖山、南堡，沿天目溪西岸直奔分水。下午2点左右，部队在离分水不到三华里的山脚与刚渡过天目溪的国民党王耀武部前卫第二团的侦察队及第一营相遇，双方发生激烈战斗。由于敌情不清，地形不利，红军除留小部分在南堡以北的一带高地阻击敌人外，其余由原路撤回与大部队会合。在先头部队与敌遭遇激战时，红军大部队已到达百岁坊，指挥部设在何一文家。

11月30日上午9时许，敌前卫第二团先头部队在盘龙山遭到红军的阻击后仓皇退居富家。王耀武部获悉红军还在百岁坊，并发现富家以南的金紫山一带也有少量红军防守，于是令其前卫第二营步兵一个连和侦察队占领金紫山，以第三营步兵一个连占领富家以北的太子山，以第一营步兵一个连和炮兵一个排占领老坞前山一带高地。

下午2时左右，雨幕笼罩了大地和山峦，盘踞在金紫山的国民党前卫第二营第五连凭借人多势众、装备精良，向坚守的红军小部队发动猛烈进攻。战斗异常激烈，在敌众我寡的情况下，红军指战员接连打退敌人四五次冲锋，双方肉搏数次。

傍晚，红军分三路全线出击：中间一路配合金紫山红军，组织正面进攻；左翼沿后溪溪岸越过余家畈向富家左侧迂回；右翼横穿金紫山上首鹁鸪坞，从老坞村出来，形成对敌的包围。同时派部队登上金紫山对面的凤凰山制高点，以压制敌人的火力。经过数小时激烈战斗，红军摧垮了笔架山和大墓山的敌人防线，并以金紫山、笔架山、大墓山、老坞村为一线相逼，敌人以太子山、铁帽山、富家防线和老坞前山为据点死守，双方形成对峙。战斗持续到深夜，红军因敌情和战略关系向皖南转移。战斗中，谢良贵等15名红军战士献出了宝贵生命。

何一文系百岁坊村大户，住宅宽敞，可容几百号人居住，土地改革后，住房分给贫农居住，后相继拆旧造新，目前留下的只是其中的一处。2011年，政府投资20万元，重新修缮。

王家坊故居

王顺庆

　　王家坊故居，位于分水镇武盛村县东自然村，武盛古街与县前街交界处。建于清中晚期，坐北朝南，建筑面积219平方米。砖木结构，双坡硬山顶，五开间二层楼房，顶梁用三柱五檩。结构和布局简洁，雀替、门窗古朴。故居是王氏家族建筑群

王家坊故居

中的一幢，该建筑群在抗战时期曾遭日机轰炸受损。王家坊的后裔、中国工程院院士王三一曾在这里居住过。

琅琊王氏一脉在分水是名门望族，宋朝时分水出了十七个进士，其中十六个是王家子弟。王缙，崇宁五年（1106）登进士，官至殿中侍御史。王缙的两个儿子王日休、王日勤，于绍兴五年（1135）同登进士，双桂联芳。王缙的六世孙王梦声为咸淳进士，官昆山州学正四十余年，子孙科甲蝉联。清咸丰年间有王椿煜、王椿耀、王椿荣三兄弟，皆为忠义之士。其中王椿煜便是王家坊父亲。

王家坊，字左春。清道光二十九年（1849），由拔贡选任山西知县，先后署理过十县。光绪初，三晋大旱，朝廷发放钱、谷助赈。时家坊代理潞城知县，在辖境内按户赈给，实惠均沾，并大力推行凿井、种薯等救灾措施。上司极为赏识，令各州仿行，无数灾民因此得救。后任高平知县，当地百姓为主额赋役所困扰，生活凄苦，逃捐抗粮者比比皆是。家坊到任后，据产陈诉，请求豁免逃绝农户之钱粮。并重点税章，减轻负担，使百姓处境有所改善。宁武原系故卫所，家坊旁搜博采，创编新志十卷。在天镇知县任内，革除陋规，淘汰冗员，发展农桑，举了不少善政。后丧亲归家奉葬，行囊萧然，身无余资，只得典衣治丧。

光绪十九年（1893）秋，分水境内遭受洪灾，家坊守孝在家，应县令刘矗之请，协助救灾事宜。在发放救灾粮款时，依据受灾实际，做到不漏发、不滥发，邑人称赞。不久，卒于家中。著有《吾馨斋文集》《学仕录》《退思录》《左氏兵略》等十余种，因无资付印，终未刊行。

分水王氏一族人才济济，在各个时期为国家做出贡献。这除了遗传的基因，再一个很重要的原因就是历代王氏重视文化教育，继承了先人爱国爱家乡、勤奋务实与清正廉洁的家风。

2015年，王家坊故居被列入桐庐县文物保护单位。2018年分水镇打造武盛古街时，将王家坊故居修葺一新，增加了一些新的内容。

章焕如故居：桐庐乡村办学的先行地

李 龙

拔贡章焕如故居位于江南镇彰坞村贤茂自然村，是一座三间两弄两进一天井的建筑，西南朝向，背靠百步山，俯瞰整个贤茂村。屋前有十步深墙院，地面以卵石拼花，颇为美观；一肩高围墙以青石板压顶，现虽藤蔓遮蔽，但石板仍在，墙体亦安然；只是中段月形门洞已颓，修复可现当年模样。门洞外逐级而下是菜园。南侧有附房两间，北边为邻居大屋，屋后有水池，春夏两季有足够的水源用于日常洗涤。

现在看拔贡当年住处，虽历经五代，凡一百余年，曾因无人居住年久失修而北厢房坍塌，现经修葺，再现晚清当年繁复的木雕和物件的精致。

屋内雕刻精细华美，八个主要牛腿以《三国演义》故事为主题，以高浮雕手法雕刻；天井排水沟石板也雕刻精美的聚宝盆等图案。可惜厢房原有窗扇已尽失，修复后终究无法再见当年面貌。更为遗憾的是，"文化大革命"中，家中字画藏书均被焚毁殆尽，建筑木雕和木器家具也多有砍凿。几年前，我曾攀着摇摇欲坠的楼梯上到二楼，找到了帽笼两层，疑为拔贡当年所遗。另在窗立壁上有诗句两列：入阁却来三昧所，小窗闲对五葱山。而当年的章氏宗祠昼锦堂匾额，原为章氏大房所题，而章焕如为三房，自拔贡后，改为章焕如手迹，曾高悬于祖祠，惜已不知去向。其他再也找不到可资佐证拔贡当年生活起居的物品。

值得庆幸的是，我生平有幸首次看到"金砖"。那是一块74厘米见方、厚10厘米的青砖。其一边款为：光绪十八年成造细料二尺二寸见方金砖 督造官江南苏州府知府魁元 监造官苏州府照磨杨锡尘 徐兰芬造。告知考据好友，竟也未曾见，看来实为稀罕之物了。直到几年后在石阜村再次看到同类金砖，它竟然被作为普通石板砌在菜窖上，这发现过程也颇有戏剧性。

关于拔贡其人，《桐庐县志》有如下记载："章焕如，字襄廷，定安贤茂庄人。身颀而长，面白短视。博览群书，过目辄能成诵，历久不忘。时有以疑义僻句及不可解者质之，一一明辨以析，不假思索。聚徒授学，裁成颇众。为文雄厚沈挚，为学使徐季和先生所激赏。光绪丁酉科拔贡，朝考不售。时方变法，归而创设两等学堂于乡里。桐邑学校林立，其嚆矢也。性孝友，喜饮酒莳花，每届花开，恒招饮赋诗，互评甲乙以自娱。"

短短一百余字，却精准地写出了贤茂庄拔贡章焕如的才情与贡献，使一个白净修长的书生、博学授徒的先生、饮酒作诗的逸士形象跃然纸上。而更巧的是，拔贡还是曾任实验初中校长章伟民老师的曾祖父，所以拔贡形象也就丰满起来。

章焕如，以文学鸿词而闻名乡里，性情旷达，为人豪爽，家境殷实，设塾授学于家。并于光绪丁酉科被送为拔贡，时年四十三岁。拔贡一生有多个女儿于前（其中大女儿嫁横村阳山畈一大地主为媳；次女眼盲不能视物，也曾因之而建义亭于村外百步山下，可惜数年前已毁），直至五十三岁方得一子，就是章校长的祖父章海

章焕如故居

瑞。然就在海瑞三岁那年，他自己带着满腹才学，不幸病逝，竟未能给儿子以文学教诲。所幸被祖先恩泽，后代枝繁叶茂，海瑞娶二房共生育十三个子女，又有孙多个，现有八个曾孙辈已大学本科毕业。

清时科举，未取得县学府学资格的人都被称为"童生"，县学童试及格，再经过州府（大略相当于现行省县之间的行政区辖）学举行的府试，及格后才具备正式参加科举考试的资格，称为"生员"。接着就可以逐级参加院试、乡试、会试、殿试。童生院试及格，成为官办学校生员，通称"秀才"，便是社会上流身份了；当然也可以通过每年的考试，逐步由"附生"升"增生"，再升"廪生"，选"贡生"。"廪生"就可享受国家给予的经济补贴"廪饩"（也叫"廪膳"）。"贡生"是指由地方官学依据一定名额选送到中央官学国子监读书的学生，按不同的选送方式，有岁贡、恩贡、拔贡、优贡、副贡，合称"五贡"。其中"拔贡"就是由各省学政选拔文行兼优而贡入京师的生员，初定六年一次，乾隆中改为十二年（即逢酉岁）一次，每府学二名，州、县学各一名，称为"拔贡生"，简称"拔贡"。贡生虽是贡举到国子监的太学生，但并不一定入监读书，而是取得太学生的资格，这样一方面可以直接参加乡试，一方面可以通过"诠选"出任官职。经朝考合格，入选者一等任七品京官，二等任知县，三等任教职，主要是担任地方学校的教官。章焕如成为拔贡时，适逢变法，兴新学，所以他未再潜心功名，而是回乡兴办乡学，为桐庐县办学之先行者。后桐庐文风蔚起，其功不可没。

走出拔贡故居，走下十数级石阶，回望那高高的屋檐和卓立的院墙门，不由得肃然起敬。这是个修身养性的好地方，更是个舞文弄墨的好处所，同时，也是个建功立业的发祥地。这里，曾孕育了一种思想，蕴含了一种力量，成就了一种创举，进而形成了一种文化，滋养了这方土地。

方游故居：方氏医学世家

李 龙

　　了解石阜的人，几乎没有不知道方游这个人物的。因为方游的医术实在是太高明了，在解放初期，就能够为蛇伤的人做截肢手术，又能为病人做上臂植皮手术，这在桐庐医疗史上都是创举。并且他给穷人看病往往少收钱甚至不收钱，受过他好处的当地老百姓无不交口称赞甚至感激涕零。他生于晚清，在国民党部队做过军官，新中国成立后在医院里任过职，并最终安享晚年。他的经历颇有点传奇色彩。

　　方游（1897—1963），字鸥舫，小名金润、阿拔。1917年考入保定医专、1921年创办桐庐第一家西医院——桐江医院。1926年参加北伐，曾先后在国民党部队任少校卫生队长、上校军医院长、第五战区兵站总监部军监处长、国防部军医署医监顾问等职。抗日战争期间，方游曾多次冒险抢救、转运国共双方抗日伤员，先后被授予防疫奖章、抗日纪念章、胜利勋章、忠勤勋章，鄂北抗日战役中记功一次。1949年10月重庆解放，方游所在部队向人民解放军投诚，他回归故里桐庐石阜开医务诊所，为老百姓治病。1952年冬天，受聘去临安专署疗养院任主任医师，专署撤销后调至临安人民医院；1963年病逝于家，享年67岁。

　　因为方游有着这样传奇的经历，所以位于石联自然村的故居，成了好多来石阜的外地人必到之地。这是一幢在石阜这样人多地少的村落中较少见的，并且至今仍完整保留着墙园的建筑。围墙中段高出三砖做成照墙，东侧建单层附房一间。建筑坐北朝南，砖木结构，三间二弄二进四合式楼房，堂名"勤贻堂"，一进三柱五檩。天井以青石板铺筑，两侧厢房以整块青石板作槛墙。二进四柱九檩。依主建筑东墙建有一座抱屋。大门前有一卵石通面小院，东向开侧门，有内檐廊。

　　建筑的大门比较普通，青石门框，枕石与石槛分离，且未施雕刻，但下堂牛腿不仅选料粗壮，而且雕刻精细。主体是一对透雕松鹿，另有三只小鹿和一只喜鹊，形象生动逼真；替木上雕刻屏风博古瑞兽图案。两个天井牛腿为凤凰牡丹图，充满富贵祥和之气。上堂主牛腿为太师少师，大狮子边各有三只小狮子，装饰华美，动态活泼；替木雕室内台案妆奁及花瓶盆景等；梁枋及雀替雕刻均为黄泥保护，其中有一块雕刻的是"仙鹤衔书"，玉兰树下，一只仙鹤口衔玉书。这为别处所未见。难道反映的是宋代无名氏的《奉礼歌》的内容？如果是，那也真够喜庆的。另有一签语为"白鹤衔书过山林，两头禄马动君心。胜如天上峨嵋月，逐渐团圆照古今"。解曰"名与利，必异达，讼和达，病则愈，孕生贵，婚和合，行人至，诸事吉"，也是大吉大利的。枋板上中间图案为双龙戏珠，两边则为"一路连科"：一只白鹭衔一棵莲花，且配以书画；两垫方上则分别刻腾跃之鱼。如果把三个图案相连，则成为"一路连科，化鱼成龙"，真是设计巧妙，匠心独运。

方游故居

　　下堂檐廊部位雕刻最丰富。下枋中部为双狮戏绣球，两边饰草龙纹；上枋中部为象和马，枋上垫方为"白鹤衔桃"；两枋间隔板雕两只麒麟，脚踩八宝祥云，又有"四季平安"和"平升三级"等吉祥图案。

　　据现户主孙海英介绍，房子是他太公造的，至今已有100多年历史。方游即她夫家祖父，是房主的第二子，当年分得东边上堂；大儿子分得堂楼西边半间；第三个儿子分得东边下堂；第四个另在东边造屋；第五个为"多出来的儿子"，所以叫金多，另在十间头边上造屋……

　　现在，村中已经在方游故居围墙外大澳上修建了石龙桥，也拟在故居内打造"方游医学馆"，而石阜方氏医术也确有传承，现在已有五代，如能辟馆展示，一定能成为一个文化亮点。

沈图故居：山沟里走出国家民航局局长

周华新

沈图故居

沈图故居位于江南镇青源村西坞自然村东北侧，建于清朝末年，后山背靠天子岗山麓之石塘山。坐南朝北，占地192.3平方米，石木结构。三间二弄二进楼，双坡硬山顶，马头砖墙，正面檐下彩绘花草人物图案。东西两边各建有抱屋二间，二层楼房，占地90平方米。西边抱屋，椽断瓦落，呈危房样。

一进面阔15.5米，明间一柱三檩，进深1.9米，两坡硬山顶。天井已封为瓦顶，与二进地面平，天井两侧两柱尚有两牛腿，浮雕为平安富贵图案，线条清晰流

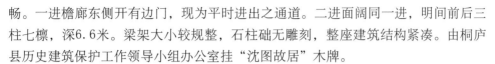

畅。一进檐廊东侧开有边门，现为平时进出之通道。二进面阔同一进，明间前后三柱七檩，深6.6米。梁架大小较规整，石柱础无雕刻，整座建筑结构紧凑。由桐庐县历史建筑保护工作领导小组办公室挂"沈图故居"木牌。

沈图（1918—1993），原名申屠筠，字逸松，江南镇青源（西坞）村人。曾就读于常乐寺小学、湘湖师范。后参加革命，曾任中国民用航空总局局长，为新中国民航事业创建人之一。

1936年在杭州上学期间，参加中国共产党领导下的抗日救国会和民族解放先锋队。

1937年12月加入中国共产党。1938年2月毕业于抗日军政大学。历任抗大主任教员，分校政治处主任、团政治部主任、副政委，冀察军区教导大队副政委，晋察冀军区第二纵队政治部宣传部部长，野战军二纵队政治部宣传部部长，二十兵团政治部部长等职。在抗大时，他一边与日军打仗，一边坚持教学。抗日战争胜利后，他奉命到任邱、河间、饶阳、沧县一带组织新兵团，任新兵团指挥。

1947年后，沈图参加解放包头的战斗，包头解放后主持军管委工作。而后，又参加了解放石家庄、北平、太原的战斗。并带部队负责北平、天津、张家口、山海关等地警备任务。

中华人民共和国成立后，沈图奉命投身于中国民航事业建设。历任中苏航空公司副总经理、总经理，中国民航局副局长。"文化大革命"中曾遭受迫害，粉碎"四人帮"后，于1977年任中国民用航空总局局长，后又被选为中共"十一大""十二大"代表、十二届中央委员会委员。

1985年4月沈图被免去中国民用航空总局局长职务。1987年12月离休。此后，他担任了中国扶贫基金会理事、对外联络委员会主任委员、中国国际友谊促进会副理事长、中国交通运输协会顾问等职。1993年1月17日在北京病逝。

沈图不遗余力地带领民航全体人员踏踏实实地开辟和发展国际航线，先后同40多个国家和地区签订了航空协定，建立起一个以北京为中心、通向五大洲的航空网，实现了周恩来总理生前关于"飞出去"的遗愿。

我国民航安全飞行在国际上享有良好声誉。在沈图的记录本上，周总理坐我国民航飞机最多，共有73次。周总理到全国各地视察、出国访问或陪同外国元首参观，大多由沈图跟随前往或亲自布置专机飞行。

在新中国民航事业的建设史上，正如杨成武、孙毅、唐凯、胡逸洲等同志在《新中国民航事业的创建者》一书中所说：每一个发展阶段都有沈图同志的业绩，他为新中国民航事业做出了一个又一个重大贡献。

附：1993年3月1日《人民日报》讣告：

沈图同志逝世　新华社北京2月24日电　中国民用航空局原局长沈图1月17日在北京病逝，终年74岁。

沈图同志是浙江桐庐县人。1936年在杭州上学期间，参加了我党领导下的抗日救国会和民族解放先锋队，1937年12月加入中国共产党。历任延安抗大政治教员、分校政治处主任，冀察军区教导大队副政委，晋察冀军区二纵政治部宣传部长，中苏民用航空公司副总经理、总经理、党委书记，民航总局副局长、局党委书记等职。1982年9月当选为中共十二届中央委员。

在战争年代，沈图同志是我军的一名优秀政治工作者，1955年被授予二级独立自由勋章，二级解放勋章。

沈图同志是新中国民航事业的创建人之一，为民航的发展做出了重要贡献。"文化大革命"中，沈图同志遭受到林彪反革命集团的政治迫害达5年之久，但他始终坚信党的领导，坚信马列主义、毛泽东思想，保持了共产党员的本色。十一届三中全会以来，沈图同志积极拥护和贯彻执行党的路线、方针、政策，在工作中，表现了突出的睿智才干、业务水平和丰富的领导经验。他遵循党中央和国务院的指示，主持制定了有关民航体制改革和加快民航发展的一系列重大决策，为民航的现代化建设和深化改革奠定了良好的基础，使民航走上了企业化的道路，航空运力得到了较大提高，并为开辟国际航线和提高中国民航的国际地位，做了卓有成效的工作。

祠堂香火

桐庐古建筑文化基因解码

一

桐庐古建筑文化基因解码

龚氏宗祠：记载洲上龚氏的辉煌历史

李 龙

桐君街道梅蓉村的龚氏宗祠，规模不大，规格不高，但设计合理、保存完好。特别是充盈其间的文学气息，让人不由得想起梅洲龚氏的当年风光。

龚氏宗祠位于梅蓉村龚家自然村村中心，系清代建筑，为龚氏族人所建。坐西北朝东南，占地面积234平方米，三间二进砖木结构。双坡硬山顶，置观音兜屏风墙。石条框架大门，石板门额上刻有"龚氏宗祠"四字。一进明间进深三柱七檩。天井两侧为双坡硬山顶过廊。二进明间进深四柱九檩，次间进深五柱九檩。建筑整体保存较完整，二进明间梁架已重新更换。

梅蓉龚氏为当地大姓，主要集中在龚家自然村居住。据《桐江龚氏宗谱》记载，桐江龚氏家族自明正德年间（1506—1520），从归安（今属湖州）迁徙桐江梅洲。始迁祖名讳龚元三，字鼎臣，行乾一。

龚氏宗祠

为了解龚家具体情况，我在好友梅蓉小学校长汪立联系下，来到龚氏后人龚家兴（三毛）家里。正忙着打黄豆的夫妻俩热情地接待了我们，不仅放下手中的活计，还找来钥匙带我们进到祠堂，向我们详细介绍了他所知道的当年情形。

龚家在村中是个大家族。他父亲共生了九个儿子，但前五个都夭折了，最后一个也没能长大成人，所以从老六开始就取了贱名：大毛，接下

去顺延，龚家兴就是三毛了。他爷爷龚树魁排行老三，兄弟四个只有他文化不高，在家务农。爷爷一辈子造了四幢房，村中的济生堂就是其中的一幢；奶奶也很能干。家里的家具都是雕花的，工匠是常年养在家里的。但是，虽然家里很有钱，生活却十分节俭。平常日子，家中男人才吃饭，女人一般都是剩饭锅巴加水做成泡饭吃，下饭菜常年都是一碗霉豆腐。不是吃不起，是不肯吃，只知道把钱省下来置田地造房产。

龚家兴的小爷爷龚树标，当时是桐庐、富阳、新登三县的名人。他是清代优廪生，于民国元年当选第一届县议员，民国十年由县会选举为省自治代表，还是民国丙寅年《桐庐县志》的协修人员之一，为著名书法家、诗人、学者。留有《咏洲上梅花·五则》和《梅州十二景·七绝》等写梅蓉的诗，徐畈三元里朱氏宗谱里还有他的《丙子新增八景》。网络上，存有他的一幅书法作品。内容为：乐交天下贤豪长者，喜作人间翰墨神仙。题识：荣贵先生大雅之属，凤楼龚树标。钤印：臣树标、凤楼印。

在龚氏宗祠里，我有幸看到了当年龚树标的手迹，刻于金柱上的对联："渤海宗风远，南峰世泽长。"黄底黑字，笔力遒劲，颇具功力，不愧有书法家之称。另一上堂对联：本吴兴而克公桐潘。可惜只有上联，下联随柱子倒伏而毁。另有一副对联则完全被刮剥而毁，未留下丁点笔画。

至于里面的雕刻，已不再具有特别的吸引力了，只记得上堂牛腿雕刻的是三国故事，关公的形象栩栩如生。

然而堂内的一块捐资修祠匾倒是很醒目，上面记录了最近一次龚氏族人捐资修祠的情况。中有村中39户135人和方姓一户3人，以及在外地的龚氏7户的户主姓名及捐款数额。说起这次修建，是因为1994年7月5日，上堂柱子被白蚁蛀蚀倒伏，导致二进倒塌。当夜，村中龚氏族人便集会讨论，第二天就动工修建，于当年中秋完工。从中可见龚氏一族的凝聚力。

龚家兴接着又讲起龚氏族人在当地为人淳朴谦顺的故事。正如修于民国二十年（1931）的家谱中《龚氏箴训》《新增八箴》所要求的：诚（存心中正，做事切实）、信（事做十足，话说七分）、仁（恻隐为怀，爱人及物）、厚（博厚悠久之道，宽大受福之基）、勤（作圣工夫，致富秘诀）、俭（治生之道，不必外求）、谦（谦谦君子，载道之器）、卑（人之大患，好为人师）。

龚氏宗祠，对后世起到了教化的功能。这从龚家兴的言谈举止中，从他讲述的故事中，我都深切地感受到了这一点。

世睦堂：筋骨粗壮的木质建构

李改进

一座古建筑，无论以何种姿态出现，以何等辉煌标榜，总需要内在架构的支撑。搭建体内架构的，是它的柱、梁、枋、檩，被称为建筑的筋骨，是它的骨骼。在城南街道乔林村世睦堂，我见到它的筋骨时便会生发出感叹，并非它架构层次的形式，而是其筋骨的粗壮，这是木头给出的"资历"。

世睦堂建于清康熙戊子年（1708）。早为祠堂，后村中另建祠堂，改为邢氏族厅。据查，曾为清代一官员住宅，俗称"官厅"。2011年4月28日，被桐庐县人民政府列为县级文物保护单位。建筑坐北朝南，占地面积422平方米。砖木结构，双坡硬山顶，五间二进四合式单层布局。

世睦堂

从上写有"邢氏宗祠"门额的石条门框正门进入，明间进深三柱七檩，粗大壮实的圆木柱子首先夺人眼球，给人一种稳固敦实的胜承感。雕成多菱线条的柱顶石宽圆，莲花瓣状的柱础石叠加，双重基石的台基与柱粗有了相得益彰的契合，使木柱的站立更显大气，顶天立地。尽管台基高出地面减潮，但经不住岁月沧桑的摧残，有些木柱下端表面已袒露出霉变的蚀点，如果不是粗大壮实，也不可能从原始一直站立到今天。木柱上端，雕刻精美的雀替随柱顶起粗壮的雕梁，梁上的斗拱又顶起短梁和月梁，直上檩条。月梁宽大肥厚，檩见方形，足以证明用料的大方和考究。每根檩条的两头，都用镂空雕花的雀替装饰，连筋带骨连成整体。靠墙的一排柱子用随梁枋串联，上以雀替顶起穿梁，再以斗拱顶起月梁，接檩。紧密协调起纵横经络，粗壮的筋骨轻松担承起各路直力、横力。

前厅进深两边是过道，中间一方大天井，拾级便是大厅。年久幽熏的木雕艺术，被蒙上了一层时光折旧的积淀，因有天井阳光的折射，给现今前来审美的人们投来了通畅透明。天井井底和四周用青石板铺就，留有水道，中间一块凸起，上放一古色古香的消防水缸，称太平缸。前厅与大厅相对的天井两边，四支檐柱上的四只牛腿，栩栩如生，空灵偶傥。琴枋、斗拱顶起的四根方檩，通体缀满了雕花饰件，称为花檩，使之更浑厚，雍容华贵，富丽堂皇。

大厅由20根圆木大柱落地，中间8根柱子，直径达50厘米，称它中流砥柱也不为过。上端的大梁直径在80厘米以上，大梁斗拱再拱起大梁和两边的月梁，直至雀替装饰的方檩。梁与柱以粗壮匹配相当，把厅堂的建构核心紧紧地捆绑在一起，稳定了整个大厅的架构，看上去毫无头重脚轻之感。建筑师的力学方寸真是把握到家了，站在底下就有一种安稳宁静感。临墙的12根柱子，由宽大的随梁枋连接，连贯于柱头之间，直贴梁下。梁上又由斗拱顶起月梁，甯上雀替装饰的方檩。大厅正面长宽的穿枋上悬挂着"世睦堂"的大型牌匾，两旁分别挂着"亚魁""娑辉荻训"的匾额。大厅两边是历代为官、为民和军事、文学、绘画等领域卓有建树的先祖先贤挂像及简介。庄严肃穆，观之，让人肃然起敬。

世睦堂整个室内纯粹木质建构，不仅木材上乘，以梓树、麻栗、巨枫、香樟等硬木为主。而且木雕工艺精湛，镂琢相济，阴阳互补，梁、拱、牛腿、琴枋、雀替、山雾云等雕刻纹饰线条流畅明快、生动活泼；构件形象逼真、古朴典雅。因此，整座厅堂的上端是个木雕竞秀的艺术空间。

这么阔绰的用料，这样大度的开方，恐怕与这村名有些渊源。据《邢氏宗谱》记载，早在明弘治年间（1488—1505），邢守道、邢士磷等率族人从湖南（当地战乱）搬迁到此居住。此地林木葱茏，就以乔木壮观取乔林为村名。邢守道曾任严州

世睦堂

府守备，退后居此，希望后代与乡邻之间和睦相处，行事不要张扬。到了康熙年间，后人建祠就以此道命之为"世睦堂"。而两百年下来，代代植树造林，梓、枫、樟遍地都是，建祠的木料大可就地取材，不必远途跋涉，劳民伤财，祠中的粗壮构件应是见证。

我们现在看到的厅堂虽然保存良好，但也打满了时代烙印。1961年左右戏台被拆除了，作为仓库存放集体粮食，办过大食堂，成为老年协会活动场所，还肩负着农贸市场功能。后来设置了非物质文化遗产展示区域，摆放风车、织布机、犁耙耖等农机具，为祠堂增添了农耕气息。现在是村人聚会场所、舞毛龙训练场、祠堂文化陈列展示厅，对外开放供游客参观。

2012年和2016年，桐庐县文管办两次对世睦堂进行了维修。投入资金30余万元，翻修屋面，铺设望板和防水层；拆除后期不合理的隔断、门窗；加固梁、柱，防治虫害等。修旧如旧，原始空间格局得以恢复，通风和排水条件得到改善。

施家祠堂：宗族文化的圣殿

范 敏

施家祠堂碑文

施家祠堂（又名吴兴旧居），始建于明代中叶。根据《桐建施氏宗谱》记载，施氏出自鲁惠公智谋之臣施伯的后代，元朝大德年间，始祖柏泗公从吴兴迁居桐庐龙门山麓。明朝中叶，施氏家族已经是一个人口众多、比较注重宗族文化的家族，因此，族人在村里修建起了施家祠堂（即吴兴旧居），经百余年的风雨侵蚀，到了清朝初期，祠堂渐渐颓敝，于是有了施日昌等人的重修祠堂之举。不过施日昌究竟何时重修祠堂，家谱有不同的说法。

据清乾隆六年龙门派孙辈们写的《龙门施祠碑记》记载，此事应当发生在雍正十年。但据康熙四十五年董启谟写的《名十公传》记载，早在康熙年间，施日昌就有重修宗祠之举。因此，施日昌修宗祠的事应该发生在康熙四十五年（1706）之前，两种说法究竟何种正确，今人已无法考证。

据齐召南乾隆二十七年（1762）写

的《澹之公七秩寿序》，施日昌三子施兆鳌也曾修过祠堂。施兆鳌重修祠堂后，龙门施氏族人有没有再修缮过，宗谱上没有记载。但从现在的吴兴旧居南侧墙壁上所嵌嘉庆十二年（1807）立的《祭产碑记》、光绪甲申年（1884）立的《澹之碑记》和民国八年（1919）十月间立的《施宦九公碑》推测，嘉庆年间、光绪年间和民国年间，均有重修祠堂的记录。

五四以降，尤其是20世纪60年代，传统文化受到严重冲击，许多地方的祠堂都属于"四旧"清扫对象，而施家祠堂却幸运地保存了下来。2002年施家祠堂重新修缮，2014年5月施氏族人又将吴兴旧居原来的小青瓦调换为琉璃瓦。至此，施家祠堂旧貌换新颜，以新的面貌再一次展现在世人面前，2016年祠堂还被列为桐庐县古建筑保护单位。

走进龙门施家村，站在广场前面的水泥路上，就能看到粉墙黛瓦的施家祠堂。祠堂坐东朝西，马头墙，硬山顶，系砖木结构，包括前面的广场，总建筑面积约600平方米。祠堂大门的石匾上，刻有"吴兴旧居"四个大字，字迹尽管模糊不清，但依稀还能分辨；大门两边的墙壁上，分别刻有"吴兴旧居"渊源记和一块"桐庐县历史建筑"字样的牌子。

施家祠堂共两进三间一天井，前进深5米、宽13米，两柱七檩，单坡硬山顶结构。前进后进之间为天井，天井深4米、宽8米，四周有回廊，用淳安茶园石铺就，鹅卵石墁地，系双坡硬山顶结构。后进深12米、宽13米，后进高出前进12厘米，六柱八檩，柱子下面的青石大磉鼓，均源于清朝年间，单坡硬山顶结构。

殿堂的金柱间设有太师壁，紧挨太师壁的地方，摆放着供奉祖先牌位的条案、八仙桌和两条太师椅。殿堂两边的墙壁上，除了刻有修缮祠堂捐款人姓名和禁赌、禁堆放私物的族训，还有一些字迹已经模糊的碑文。这些文字不仅记录了施氏家族的历史文化，还向后人展示了施氏家族的精神面貌。

据《桐建施氏宗谱》记载，后进正上方曾悬有"思盛堂"匾额一块，周围的木柱上均雕有牛腿以及众多的装饰花纹，"文化大革命"期间，匾额、牛腿和装饰花纹均遭破坏，2002年重修祠堂时，由于资金等问题，没有将这些构件恢复原貌。

龙门施氏自元代建村以来，历经700余年，虽入仕为官者较少，但崇文之风相续，特别是清代年间，小小村落出现了16名贡生，其中施锡彦为嘉庆年间丁卯岁贡，他的兄弟施锡英、儿子施治乐均冠于六睦。当时的桐庐，有半数左右的学生拜在施氏门下受业，与北乡鸿儒村张氏齐名，故有"南施北张"之称。

这些传说和事迹已经渐渐远去，但从祠堂留下来的碑文中，依然能觅得一鳞半爪。

文昌寺：文君无语翰墨香

范　敏

　　据《桐建施氏宗谱》记载，桐庐施家文昌寺又名文昌阁，始建于清乾隆年间（1736—1795），由族人施锡奎所建。嘉庆年间（1796—1820）施炳厚重修，光绪年间（1875—1908）施敦元再次重修，内祀文昌帝君，希望后世文昌，香火向盛。之后百余年由于种种问题，竟未曾再有过修缮。2009年，在施复初倡议下，族人慷慨解囊，启动文昌寺重修。

文昌寺

　　修复后的文昌寺，供奉着文昌帝君、关公、观音菩萨等多个神祇。每月初一、十五，许多香客都会来寺里进香拜佛。八月二十八日，村里的读书人还会到文昌寺来礼拜，求得文运昌盛，功名留世。2016年文昌寺被列为桐庐县古建筑保护单位。

　　施家文昌寺，是一座结构相对简洁的小寺庙，占地面积约120平方米，为三间一进二层的石木建筑物。

　　施家文昌寺与大部分寺庙朝向不同，它是一座坐东南朝西北的寺庙，外面除了碑文、八字门、两道石槛和大门两侧雕有牛腿的木头柱子，最引人注目的要数大门前面那两只雕刻精致、口含圆珠的石狮子了。它们蹲伏在高高的石

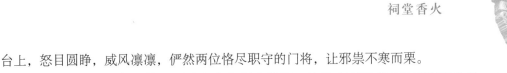

台上，怒目圆睁，威风凛凛，俨然两位恪尽职守的门将，让邪祟不寒而栗。

文昌寺一楼是三间正殿，两边各有六根木柱子，柱子上面雕有龙凤图案的牛腿和斗拱结构的替木。由于年深日久，一些地方的雕刻已经破损，但依然能看出雕刻的精湛技艺。殿堂中间摆放着关公的神像，模样高大，坐姿威武，他的两边分别站着关平和周仓两员大将，手执兵器，英姿挺拔。左边一间的石台上放着文昌帝君，他手里拿着书本，一副认真赐教的样子。右边一间的石台上还摆放着观音菩萨的佛像，站在佛像前面，似乎还能嗅到淡淡的供香味。

二楼也是正房三间，正殿上供奉着魁星的神像，他　手捧斗，一手执笔，好像正在用笔给中试人圈点姓名，样子十分逼真。供台前面有一长排玻璃窗，光线明亮，使室内看起来窗明几净。站在窗台前面，放眼室外，不仅能看到寺庙外面的山墙，还能看到房顶上的砖瓦，重檐翘角，古色古香。

随着时代的变迁，如今的文昌寺，除了供奉关公、文昌帝君、魁星的神祇，又增加了观音菩萨的佛像。大慈大悲的观音，虽说是保佑老百姓生活幸福的神灵，深受村民的爱戴，可由于施家村村小民少，没有财力单独为观音修建寺庙，于是将观音的佛像放到了修建后的文昌寺，让观音与其他几位神灵共同享受村民的供奉。

从表面上看，不同教派的神祇放在同一个寺庙，似乎有些不伦不类，但从宗教的包容性来看，这样的结合也体现出我们这个时代，是一个宗教文化大融合的时代。

施家村属文运昌盛之地，村民崇文之风浓厚，特别是到了清代乾隆、嘉庆年间，崇文之风达到鼎盛，文风丕振、文人汇聚，其学风自成一派。

据《桐建施氏宗谱》记载，当时的桐庐，有半数左右的学生受业施氏门下，与北乡鸿儒村张氏齐名，故有"南施北张"之称。施氏家族曾有二十余人受到朝廷以及各级政府的表彰，有数十名族人的事迹被收进民国《桐庐县志》和民国《建德县志》。施氏族人也受到桐庐和建德社会各界人士的普遍敬重，施氏宗族理所当然地成了桐庐和建德的望门大族。

施家文昌寺是施氏家族文运昌盛的象征，也是寒门学子挑灯苦读的见证人。对此，清邑人方明安曾有诗云："坑流如带绕堵鸣，窗外松涛月正横。咿喔寒鸡啼不住，梦回犹听读书声。"

卸庙：施家村民的精神寄托

范 敏

卸庙

卸庙坐落于城南街道施家村村口。施家卸庙其实就是土地庙，至于为何将其冠以卸庙，已无文字可考。村里老人介绍说，卸庙靠近施家卸别山，为区别其他村土地庙，故将其命名卸庙。据《桐建施氏宗谱》记载，卸庙始建于清乾隆年间（1736—1795），"文化大革命"期间庙宇曾惨遭破坏，1992年由族人集资重修，2011年被列为桐庐县文物保护单位。

卸庙坐东南朝西北，观音兜墙，硬山顶，砖墙石柱结构，占地面积150平方米，建筑面积65平方米，地面用淳安茶园石铺就，有两道石柱门，门额上刻有"卸庙"两字。

卸庙虽然门廊古旧，粉墙斑驳，但它周围的环境十分秀美。寺庙的左侧是树木葱翠的卸别山，右侧有一片竹林，凤尾森森，龙吟细细。特别是它的身后，还有一组枝叶婆娑的省级古树群。这组古树群由樟树、苦槠、檀木等多种树木构成，树龄大多在200年以上，其中有一株苦槠，树龄已经超过650岁，树干结满了厚厚的苔藓，树枝上却依然生出无数小嫩芽，犹如一位返老还童的老者。寺庙掩映在这样的茂林翠竹中，显得格外清幽寂静。

站在卸庙前面的空地上，整座寺庙一目了然，除了八字门、石碑、两道石槛，刻在大门石柱上的一副对联尤为醒目"享祀春秋非懈，黎民福禄来崇"。这副对联似乎在提醒村民，一切福禄均来自自己的行为，不要忘记感恩，不要懈怠祭祀。

走进卸庙，正殿供神台上坐着土地公和土地婆，左右分别立着文武判官，土地公是一位头戴官帽、银须飘飘的老翁，而他身旁的土地婆，却是一位身穿红袍、慈眉善目的年轻婆婆。这大概是村民对土地公的厚爱，希望他的妻子永远年轻貌美。

庙堂两侧各有六根石柱子，上面是四柱七檩，抬梁式结构，柱子与房梁间各雕有装饰用的雀替。殿堂中间的四根石柱上，刻有两副对联。前面的石柱上刻着"祥呈鹊尾声灵古，福照龙门俎豆新"，这副对联虽然用的是平常祝福语，可"俎豆新"三个字，却显示施氏子孙绵延不绝。后面的石柱上刻着"以社以方绥以多福，我将我享粒我烝民"。作者采用较少见的重字联方式，使楹联有了独特的艺术效果，不仅让祭祀者沉重的心情轻松起来，还给土地庙增添了不少喜庆。整座寺庙石柱上的三副对联，均属乾隆时期的作品，三副楹联之所以能完好无损地保留下来，原因是它们都刻在石柱上面，无论风吹雨打，只要石柱在，楹联就不会轻易消失。

卸庙和其他寺庙一样，也流传着许多神秘又离奇的故事。听村里老人说，民国期间，有一年春季，施家村有一户人家种在田里的小麦，一夜之间就被牲口吃掉了一大片，户主把这件事告到了族里。族长以为是谁家的牛吃了小麦，便去有牛的人家一一询问，可还没等他问出个所以然来，又有村民来告状了。

族长觉得非常奇怪，便选了几个胆大的年轻人，让他们带着工具，晚上去村外的麦田守夜。几个年轻人来到麦田，在那里等了很久，却始终不见有牲口出来吃麦子。时间一分一秒地过去，快到五更时，他们忽然看见一匹赤色的马，从文昌寺跑了出来，看它的样子，有点像文昌寺墙壁上画着的赤马。

赤马一来到前面的麦田里，就一个劲地啃起了小麦。年轻人见状，操起手中的工具，从四面八方包抄了过去，可就在他们快要靠近赤马时，赤马却很快不见了踪影。守夜的年轻人把这件事告诉了族长，族长觉得这一定是文昌寺那匹神马来了。

　　这天上午，他和村里几位有名望的老人带了香和供品，来到村口的土地庙，向土地神汇报了神马作恶的事，并祈求土地神保护田里的庄稼，让村民能有一个好收成。

　　当天晚上，几位胆大的年轻人，依然去麦田守夜。五更时分，赤马又从文昌寺出来了，就在它吃麦子的时候，天空突然刮起了大风，紧接着便打起了响雷，只见一道金黄色的电光，不偏不倚正好击中赤马的身子，顷刻间，赤马就化成一股青烟飘走了。

　　"赤马吃麦子"尽管只是一个传说，可施氏家族自吴兴迁居龙门山麓以来，对土地的祭祀一直都非常虔诚。土地不仅能生五谷，还是人类的"衣食父母"，因此直到现在，卸庙和文昌寺一样，依然成为村民的精神寄托。

吴氏宗祠：青石柱撑起的乡愁

李改进

吴氏宗祠

随着县城发展，原三合乡下轮村成了城南街道一个拆迁安置村。村民住进了下轮公寓，唯有吴氏宗祠和一处石牌坊仍静穆挺立，延续着小村的乡愁。

从下轮公寓的大门进去，两边居民楼鳞次栉比，沿柏油马路前行200余米，一棵400余年的古樟遮天盖地，在一旁庇荫着吴氏宗祠。

宗祠坐西朝东，长34米，宽13.5米，占地面积470平方米。观音兜山墙是用开砖砌的空斗墙，白色石灰粉面。南北对称、两边居中的龙虎门，用青石条做门框，是人流进出疏散的主要通道。双坡硬山顶，脊背黑黝黝的瓦片，像一排排紧密的鳞甲，覆盖着瓦屋下面岁月流淌的气息。

近到正门前，上望是一排"B"形的雕砖等距离密集地塑封檐口，与下端一长条凹进的横线形成强烈的对比反差，将檐口托出一条艺术审美的风景线。石库门转角处镶有三角形雕花石饰，类似雀替，它不是粘上去的，是做成榫头插进去的，严丝合缝，方正又不失圆润，整个门框端庄肃穆，令人未入祠门就怀崇敬。门框上方"吴氏宗祠"四个大字，嵌在长方形的大石框里，字迹庄重雄辉，功力不凡，每字都见飞白，彰显笔力粗犷遒劲。四周雕刻着回纹图案和花枝环绕的双花边，雕琢到位，雕技精湛。

进门便是抄手走廊，连接大戏台。台前的天井，井底和井沿全用青石板铺就，板块对称规整，水道流畅。天井两边走廊的上方是看台，由木楼板和木栏杆连通。整个室内面阔三间、前后三进单层的规格布局。拾级而上是大厅，"观乐堂"三个繁体铜字大匾悬挂正中，供村民进行聚会、看戏、议事等活动。多少沧桑往事，付之谈笑之中；多少世态变幻，在此转换交替。跨过长条青石门槛，便是后厅。左右各有小天井，给纵深的后厅弥补了采光不足的"短板"。天井下建有排水系统的鱼池，由青石柱和青石板护住，可利用雨水兼作消防池。厅后隔有隐堂，曾供祖先牌位。

宗祠历久不损风骨，乡愁永驻延绵不绝，应得力于祠内那些柱子——全屋58根青石方柱，在室内空间规整站立，默默无闻，不管寒暑变换，它自岿然不动。用青石作柱建祠立庙，在全县寥寥无几，吴氏宗祠堪称一绝。方柱石质细腻，色青光洁，来自如今难得的千岛湖下茶园石。此石埋在地下石质较软，开采时直路一线走向，宜取直线石料，采出后见风趋硬，表面就像涂上了一层包浆保护层，随后逐渐向内硬化。因此，尽管在祠内站立了180余年，风风雨雨，柱面一如原始，毫无风化之蚀。难能可贵的是，方柱上刻有21对楹联，书法上乘，楷、隶、篆各体均有，阴、阳刻工艺俱全。楹框上端刻着双线钮动挂环，下端居中刻有仙桃，一幅幅定格在石柱中段，恰到仰望的视角。

吴氏宗祠于清道光己亥（1839）七月动工，庚子（1840）十一月落成。建造之初，费用由本村包括高畈、荷花塘等地吴姓摊丁派文、派工、派物，村中客姓也来供奉。而这么长的石柱子是如何运到工地的呢？原来下轮地形是块浮排型，梅林溪未改道前流经祠前百米处，祠旁大樟树处就是停排下卸之地。那时富春江经常发大水，洪水甚至满患到距江1500多米的下轮村。村民正是利用涨洪之际，将装载石柱、石板的船筏，从新安江、富春江下来直接拖进工地。

一座宗祠能历久弥新，那一定是保护、利用双管齐下。吴氏宗祠原供奉祖先，不得私人供匠作伐、堆放什物家具等；祠内禁止赌博、饮酒，口出污言，违者议罚

吴氏宗祠

议责。19世纪中叶曾遇"长毛"造反，烧杀抢掠，村民勇敢护祠，多人被抓，还有牺牲的。1949年后宗祠曾作过集体粮食仓库、食堂，演戏、放电影、开大会。"文化大革命"期间，有人拿凿子凿方柱上的楹联。一位老者看了心疼，碍于时政气势不敢阻扰，便说："老祖宗留下的东西，凿了会遭报应，石屑飞进眼睛会瞎的。"几人听后便落梯而逃。村民就用石灰粉刷保护起来。正门之上"吴氏宗祠"四个大字，也粉刷平整，写上"东风仓库"四个大字。后来正本清源，铲除石灰，得以重见天日。现在方柱上被凿过的六条楹联，每条也只字片语受损，大概是石质的坚硬，被凿的笔画磨损无几，字迹仍清晰可辨，坚挺着传统文化的韵迹。

2000年，下轮村村民集资，对该建筑进行过维修，换椽、翻漏、添瓦。2014年，县文管办投入资金30万元，又组织进行重修。2011年4月28日，桐庐县人民政府将吴氏宗祠列为县级文物保护单位。

吴氏祠堂：延陵世家忠孝惟馨

黄水晶

吴氏祠堂

石桥吴氏祠堂坐落在凤川街道石桥村西北，凤川中学大门南150米处。祠堂大门朝西，门前有一条大路直通凤川镇标处。

吴氏祠堂八字大门两边折墙上，分别写着"忠孝"与"节义"。吴氏祠堂长38.80米、宽14.70米，面积为570.36平方米。吴氏祠堂于1912年开建，直到民国十年（1921）才建成。祠堂的前厅、中厅、后厅等部分都是由各房认建的。

祠堂门楼上方，高挂着"吴氏宗祠"四个烫金大字。出面的方柱子上挂有两副对子。朝西的一对，北边是"石桥松柏茂千年"，南边是"延陵桂兰香万代"。南北相向的是"挂剑高风树芳名""推贤玉德传佳话"。门里是为前厅，进深四檩（含门楼），两坡硬山顶，马头墙。大门里为大厅，遇到过节酬神做戏，立马架起活动戏台，进出需走边门。大门屏门两边方柱子上，朝东对联是"至德传家世泽长""延陵派衍家声远"。大厅中间两根圆柱子上有篆书楹联，分别是"让国高风曰君贤""贤君至德因国让"。大厅东天井边的两根柱子上，挂着的是"至矣宗功祖训""德乎子孝孙贤"。

如今这祠堂加强了文化的功能，两边墙上都装裱上了吴氏家族的历史文化。

前厅与中厅之间，置有一个南北长6米，东西长5米的大天井。天井低于一进一个台阶，南北西三面有水沟。天井两边是4.50米宽的过道。天井四周柱子上，都装饰有精细雕刻的牛腿。

中厅比一进高出一个台阶。为方便行走，天井与中厅交界处，放有一根方石条作台阶。中厅近天井一侧，南北向过道两头均开有侧门。中厅进深四檩，两坡硬山顶，马头墙。中厅大堂朝西的第一对柱子上的对子是"爻爻相生渤海家声""人人口赞延陵世第"。大堂中间（第二对）柱子上挂的是"南望青山天子崇扬祖德""东依碧水源溪远裕孙谋"。大堂东边第三对方柱子上挂着"延陵世家忠孝惟馨""季子门第德仁齐备"。

中厅是祠堂最主要的地方。这儿的结构与一进基本对称。大堂第三对柱子之间，置有木屏门。屏门正中，朝西向挂着石桥吴氏第一任先祖以昌公夫妇像。其左右对子是"祖德流芳兆千秋""宗功笃庆开百世"。屏门上方挂有鎏金的"贤让堂"匾额。中厅南北内墙上，如前厅一样，也装饰着与吴氏家族有关的各种宣传内容。

中厅屏门后（东），置有一个连接后厅的过堂。过堂的两根横梁，西头架在中厅最东边的一对方柱子上，面东的楹联是"宗祠烂漫歌千年伟业""祖业崔嵬展万世宏图"。过堂大梁东头，架在后厅最前面两根柱子上。那对柱子也是方的，朝西的楹联是 "贻厥孙谋克俭克勤""绳其祖德惟耕惟读"。

过堂南北两边，分别开着小天井。天井里做有鱼池，下雨时，屋檐水积聚于此，可用于防火。

后厅又叫后寝，这里前半个厅是空的，迎神时这里是摆放菩萨的地方。面积很大，祭祀先祖一般都在这里进行。后寝中间一对柱子上也挂有一副楹联"左昭右穆序源流""春祀秋尝尊礼乐"。最东面一间是楼房，楼梯开在北侧，上面是先祖灵位安放的场所。

吴氏祠堂所有柱子都是木柱子。据老辈说，建祠堂时，祠基周围都是茂密的树林，为节约开支，他们就来了个"就地取材"。可能是受新文化运动的影响，祠堂造好的时候，这里所有柱子上都没有对联，而祠堂牛腿上的雕花依然十分精细，其内容是文王拜相、温冰钓鱼、四大天王之类。也因为雕刻精美，牛腿曾多次被盗。

2014年，石桥吴氏借政府保护古建筑之机，用2年时间彻底整修了祠堂。

郑家祠堂：宋世状元第

黄水晶

　　凤川翔岗郑家祠堂，建于清咸丰二年（1852），坐落于石桥村东北。该祠堂坐西朝东，长22.4米、宽13.6米，面积约305平方米，为砖石混合建筑。

　　郑家祠堂面东的大门上方，挂有"郑氏宗祠"大匾。八字大门两边墙上，南边写着"仁义"，北边写着"忠孝"。八字台门用四根石柱子做支撑。柱子横梁、梁下雀替、梁上拱托、两边牛腿等处都饰有精美的雕刻。四根柱子的石础之间，连着三根石门槛。正面大门与两边侧门都木屏门。

　　走进八字门，石门槛里面即为一进前厅，算上大门边两根石柱，一进共六根石柱，进深三檩，两坡硬山顶。大门里是演戏时用来搭戏台的地方。一进北边墙上，

郑家祠堂

柱子间挂满了郑姓杰出先祖的事迹介绍；南墙上则是石桥四景诗、凤岗八景诗、功德碑；东边墙上是石桥古村落图和郑氏家训。

　　东边八字大门上第一对石柱上有两副对联，面东对北边是"宋世状元第"，南面是"明朝工部家"。这对

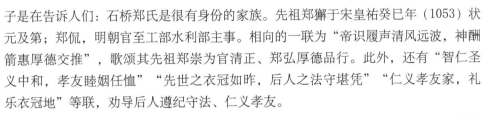

子是在告诉人们：石桥郑氏是很有身份的家族。先祖郑獬于宋皇祐癸巳年（1053）状元及第；郑侃，明朝官至工部水利部主事。相向的一联为"帝识履声清风远波，神酬箭惠厚德交推"，歌颂其先祖郑崇为官清正、郑弘厚德品行。此外，还有"智仁圣义中和，孝友睦姻任恤""先世之衣冠如昨，后人之法守堪凭""仁义孝友家，礼乐衣冠地"等联，劝导后人遵纪守法、仁义孝友。

一进与二进之间是天井。天井中间还摆放着一只石香炉。天井两边过道，进深两檩，两坡硬山顶。左右分别有四根木柱子。

二进为中厅，也是祠堂的主厅。大厅上摆放着搁几、八仙桌和太师椅。中堂挂着石桥先祖曾九公夫妇的画像。两边有吴宏伟先生题写的一副对联"派衍荣阳绵世泽，族居南阜振家声"。画像上首是一块匾"绍义堂"。

石柱之间的大梁上，挂着一块圣旨匾"青天勑命"。这是一道任命郑侃的圣旨，上面写着："奉天承运，皇帝诏曰：水部掌川渎漕运之事，而舟车桥梁莫不备，则使命无阻而国用不匮。河道水利无不修，则民免浸淫之患，而有耕稼之乐。此皆为政之要，岂可任非其人耶？今以尔郑侃为承值郎工部水部主事尔，其明通变达，宜民之术成，任重致远之功以称朕意尔，惟懋哉。勅命。洪武十九年七月十二日之宝。甲字六百十七号。"

二进石柱上也有楹联"同室溯宗英家声足仰，明庭褒国范祖烈无忘""忠孝传家法，将书树世型"，让郑家后人以先贤为榜样，忠孝家法，学习他们、记住他们。

后边是寝厅，摆放着曾九公的牌位。

关于郑家祠堂的建造，95岁的郑国梁拿出了一直保留在家里的原始凭据。这些凭据告诉我们，是村里的一个叫郑开俊的人承担了建造郑家祠堂的基本费用。

据郑国梁说，郑开俊从小就跟父亲做山货生意。长大后，他独立做起了买卖。炭、箬叶、竹木、柴火，只要能赚钱的生意他都做，有时甚至连毛纸生意也做。村里建祠堂，他一人包下了所有材料费用。郑开俊很忙，没功夫在现场奔走。他就让儿子郑圣荣来操办建祠堂的事。建祠堂的地方，原来是一个大水塘。为了垫高地基，村人就出劳力，运来砂石。大多地方都要垫上一米多的高度。村人想，人家把建祠堂的材料钱都拿出来了，我们出个苦力还不应该吗？建造祠堂，村人都很卖力。

郑家祠堂几经毁坏几经修葺，能保留至今这样子，实在是件不容易的事。

申屠氏宗祠：孝悌传承家声远

缪建民

申屠氏宗祠牛腿

申屠氏宗祠坐落于江南镇荻浦村，为浙江省文物保护单位。

宗祠始建于清康熙年间（1661—1722），古朴淡雅，庄重神圣。大门上方，一块青石大匾上书有"申屠氏宗祠"五个大字，祠堂曾分别在乾隆二十年（1755）和同治九年（1870）重修，形成了现在这座三进五间、石木混合梁柱结构的格局。"申屠氏宗祠"为清朝乾隆二十年重修时所题。

申屠氏宗祠占地883平方米，平面呈矩形。清乾隆二十年，族中贤达倡修宗祠，共捐

银4000余两，花了近三年时间方竣工。

整个祠堂共三进，一进通面五间，木石混合梁柱。其间有许多石雕和木雕，多为神情逼真的动物和婀娜多姿的花草。二进为祠堂的核心，用板壁隔开梢间，明次间的后步柱间置石槛，立板壁门。立柱上有一副保存完好的楹联："木本自屠山木郁荻葱葱惟愿枝枝高百丈；水源连范井水流浦纳还期派派聚明堂。"楹联巧妙地把荻浦村名藏于其中，又把桐庐申屠氏族的源头及建造祠堂的目的、愿望完全表明。上联以木喻源头，大意是说桐庐申屠氏族源头来自屠山，愿子孙后代在荻浦发扬光大，如树木一样郁郁葱葱，棵棵茂盛高达百丈；下联以水喻宗族，大意为申屠氏族源远流长，水连范井（在荻浦村内）永不枯竭，望各支派后裔思源归宗。

据宗谱记载，申屠一姓是炎帝神农氏十五世裔孙伯夷之后。西周末年，申侯等协助废太子姬宜臼登基，开东周为平王而得到封赏，申侯幼子被赐封在屠原（今陕西合阳，一说是在甘肃泾川一带）。定居于此的后代，便以国名"申"和地名"屠"结合起来作为自己的姓氏。

桐庐申屠氏的源头可追溯到西汉末年。其时，丞相申屠嘉七世孙申屠刚为躲避王莽之乱，偕家眷从河南洛阳迁至浙江富春屠山定居，繁衍历史已有2000余年。宋崇宁三年（1104），申屠氏后裔申屠理入赘荻浦村范蠡后裔之家，因此，申屠理被后人尊为桐庐申屠氏始祖。

申屠氏宗祠又名"家正堂"。家正，乃先祖建祠堂对后人之诫铭。申屠氏族认为，立家者须正，统族者须政。族者大家也，正亦政也。人之立身须正，族之事物须有政。祠堂二进是该族立宗法、行族规、议大事之地。古人云："古之治也，上则统于君，下则统于宗。"国有国法，家有家规。族中若有违条犯禁者，则由本族族长携众在此进行处理。

二进与三进之间是一个天井，两侧是石板围筑的鱼池，中间为过道。过道上用两支抬梁和十字科斗拱，支撑两坡硬山顶天棚，以遮蔽雨雪。天棚下有美人靠，供人休息。祠内所有石柱上原均有楹联，可惜"破四旧"时被毁，唯存一联于立柱上"尊祖敬宗不让读书君子 轻财重义居然明礼丈夫"。楹联旁有一行小字：为侄媳张氏捐资建祠题。

这行小字记录了一个感人的故事，说的是清乾隆二十年修建申屠氏宗祠时的事情。整个宗祠所有梁柱均为整块青石打制而成，从外地水运到码头，然后用人抬进村里。可在当时，整个荻浦村里只有几百口人，建祠发起人申屠鲸号召村里所有族人有钱出钱有力出力。族里有位张氏，是一位寡妇，由于没了丈夫，家中也不富裕，但她有一手好手艺，会做草鞋搓麻绳，她主动提出要为建宗祠尽点力。大家见

她一个妇道人家十分可怜，便纷纷劝她算了。不料她说，建祠堂人人有责，搬运石柱不是需要麻绳、草鞋吗？这一切全部由她提供。族人见她语气坚决，态度诚恳，便同意了。也许她当时答应时，并不知道整个工程需要多少草鞋、多少麻绳，更不知道修建祠堂需要多长时间。动工之后才知道，如此浩大工程，在当时全靠人力搬运，草鞋、麻绳的需求量，绝非她个人之力就能全部提供解决的。每天参加修建的搬运工和工匠有上百人之多，每天都要发草鞋；所有石料都是外地运进来的，每天都要从富春江边的码头上，用麻绳扎杠，抬到荻浦村工地，而修建共花了大约三年时间。有人初步匡算了一下，从动工到竣工，需用草鞋上万双，麻绳数千斤。一个妇女纵有三头六臂也根本无法满足工程上草鞋、麻绳的需求，而张氏是个信守承诺的人，她便出钱雇人，一起来做草鞋搓麻绳。起初她还能应付，可时间一长，人工钱加材料钱，开支甚大，她原有的一点积蓄早就用光了。好一个张氏，为了一个承诺，为了修建祠堂，卖掉了祖上留下来的粮田，支付了这笔巨大的开支，张氏的义举深深感动了所有的族人。三年后祠堂如期竣工，发起人申屠鲸把她的事迹用一副楹联刻在石柱上，让后代永远记住这位大义女人。

这个真实的故事在荻浦已深入人心，就是在"文化大革命"期间这副楹联也完好无损。如今的荻浦，乐于助人的好人好事数不胜数，孝义之举蔚然成风，村里的"孝义基金会"日益完善，自愿捐款者越来越多，数额也越来越大，现在已成为全国闻名的古村落样板村。

祠堂三进是整个祠堂最为神圣的地方，为寝宫，专供历代申屠氏先人的牌位，桐庐申屠氏始祖理公的牌位位于正中间，这里的地面高出二进近一米。这是一个祭祀先祖的地方，也是一个让人感恩的地方，更是一个让后人洗净灵魂的地方。

保庆堂：传承孝义文化的舞台

刘月萍

保庆堂始建于南宋，元代至正年间重构。保庆堂坐北朝南，平面呈矩形，东、西、北三面与民居接壤。前后由接官厅、戏台及跌阶厅三幢独立建筑组成，均为三开间，都是小青瓦屋面，下铺望板，两侧马头墙封护。占地720平方米，建筑面积580平方米。厅前有约200平方米道地，以前由鹅卵石铺设并镶有精美图案，现铺仿

保庆堂

古砖及石板，较以前更为平整。前院南有半月形水池，中有红鲤鱼游曳。

门厅为接官厅，三开间，梁枋雕刻精美，前檐墙带小八字，轩廊较为气派。面阔近12米，进深8米有余，全屋高8米。明间、次间梁架穿斗抬梁混合式，六檩三柱。栋柱间置石地槛和一对坤石，将接官厅分为两半。前面二厢为轿房，用来放置贵客的轿子；后面二厢为知客房，用来暂时接待来访重要客人。接客厅的扁作梁双面雕刻，雕有龙凤呈祥、流云盘旋、梅开三春、竹报平安、富贵牡丹等，生动活泼，夺人眼球，表达了姚天官祝福家乡父老生活平安、幸福吉祥的美好愿望。

中厅三开间，面阔13米多，进深10米余，全屋脊高9米。明间次间梁架穿斗抬梁混合式。明间九檩三柱，次间九檩四柱，梢间穿斗式，九檩五柱。明间、次间设戏台，台高1.5米，面宽7.3米，进深5.3米。戏台前为半卷轩棚前檐，花枋裙板以画轴的形式展开，刻有人物瑞兽，内容是《封神演义》。牛腿则是多层造型，上层用浅浮雕，下层用深浮雕，边缘用镂空雕。人物均在10人之上，根据戏文配以兵器坐骑，姿态各异，形神皆备。戏台上两支龙头大梁向外挑出。有意味的是龙头上还雕刻有两只飞凤。

原台上藻井，台下以9根弧形狮腿柱支撑，可惜在20世纪70年代维修中拆毁。整个戏台华美秀丽，基本保存完好。戏台两侧东西甬道，前后贯通，上方各设厢房，演戏时供演员化妆换衣、存放道具。厢房前各设小看台，有边门相通，一边供鼓乐队使用，一边则专供村内年长者看戏。后台供演员们候场。

走上戏台，精美的雕刻近得可用手触摸。后台梁枋上的雕刻有孔雀与牡丹，牛腿雕刻的人物有豹眼圆睁的武官、风流俊俏的文官、婀娜多姿的仕女，皆衣袂翩翩，呼之欲出。

后厅三开间，面阔14米，进深13米，屋高10米。明间抬梁穿斗混合式，十檩五柱；次间穿斗式，十檩六柱。室内分三阶，前两阶专供村中妇幼看戏。第三阶进深2米，用青石板材隔成围堂，作祭祀问卜之用。依墙起楼，楼上供有香火菩萨数尊，保一方平安。当地民间传说，当年姚天官母亲的一双大布鞋就供奉其上，村中每有姑娘出嫁，都会穿一下以沾福气。

整组建筑雕刻精细。有大小牛腿30多只，刻有《封神演义》等故事人物，各类木雕400多件，精雕细刻，形象逼真。走到厅内，仿佛进入一座木刻艺术殿堂。2005年，保庆堂与申屠氏宗祠一起被列为浙江省省级文保单位。在新农村建设过程中，保庆堂在保持原有风貌的基础上得以整修，也经常有传统戏剧或"送文艺下乡"等活动在此举行，更是平时到江南镇荻浦的游览者必到的地方。

跌阶厅西边有梨花园，它不仅是景点中的一个小品，更有"梨园"的意思。旧

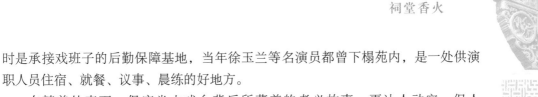

时是承接戏班子的后勤保障基地，当年徐玉兰等名演员都曾下榻苑内，是一处供演职人员住宿、就餐、议事、晨练的好地方。

在精美外表下，保庆堂古戏台背后所藏着的孝义故事，更让人动容、促人深思。

姚夔是桐庐县坊郭（今桐君街道）人。正统三年（1438），其是浙江乡试中举第一名（解元）；正统七年，会试第一，登壬戌科进士，第二年就授吏部给事中，官至吏部、礼部两部尚书，乡人称"姚天官"，乡间有《姚天官赈灾》等多个故事流传。姚夔周岁时，父亲病逝，家境艰难，随母在荻浦舅舅家生活，得到了申屠氏族人的百般照顾，对荻浦母舅家有着特别深厚的感情。姚夔进京为官后，仍然深深眷恋着荻浦的儿时乡情。荻浦修谱，姚夔撰文以贺；遇修建厅堂，必出款资助；凡长者寿庆，常有寿礼贺书；凡有求助之事，总是有求必应。成化初年，吏部尚书姚夔为报母族养育之恩，捐资重修，并取名"保庆堂"，撰《保庆堂记》。

保庆堂由于结构奇特、构制精美、规模宏大，且保存完好，成为古村的亮点之一；更因为其背后的孝义故事，成为游客津津乐道的思想教育内容。时至今日，保庆堂古戏台不仅演绎着传统戏剧折子戏，更传承着孝义文化的丰富内涵。

咸和堂："和文化"的明代建筑

孟红娟

在江南镇荻浦村的村中心有一幢被现代民居紧紧包围的古建筑。这幢看似不起眼的古建筑是传承"和文化"的咸和堂，于2011年1月被浙江省人民政府列为第六批省级文物保护单位，是专家学者研究明代建筑艺术的活标本。

咸和堂

据记载，咸和堂构建于明代正德十年（1515），距今已有500多年的历史。

据《申屠氏宗谱》载，咸和堂是由申屠氏第十四世祖秋涧翁及其子东溪公出资并发起建造的。在古时，这里是荻浦申屠氏族八房祭祀和议事的重要场所。房内凡是遇到四时之祀、五行之礼等重大活动，都在这儿举行。

咸和意为"家和""族和""村和""社会和"及"人与自然的和谐相处"。《申屠氏宗谱》载："咸和之意大矣，知咸者，感也。古帝王之治天下，六府既修，又为子惇典教，敷教以正其德，通功易事以利其用，制节谨度以厚其生，从使皆堂其理所乘，则和矣。"这充分体现了中国传统文化"和为贵"的处世之道和思想精华，也是荻浦先人自古所倡导的"对人和气、家庭和睦、社会和谐、世界和平"的家风族训。一个"和"字，将个人与社会紧密地结合在一起，一句"咸和"劝导世人要开启辽阔的胸襟之门，展现了中华民族"和文化"的价值。

咸和堂三开三间，悬山顶式建筑，面宽12.5米，进深10.5米，占地面积约130平方米。厅堂的规模和雕刻看似不足为奇，但明代的建筑风格非常鲜明。堂内的梁柱粗大，墙由砖砌，屋盖是砖被，明间是木柱，次间为砖柱，尤其是梁柱的礩鼓垫板特征明显，三层垫板依次从大到小与礩鼓有机契合，层次分明，扎实稳重，给人以艺术的美感。咸和堂的木雕花纹和构筑内涵不像清代建筑华丽繁复，但恢宏大气，充分展现了明代中期的建筑特色。

由于咸和堂地居村中心，自明代构筑以来，极少受到风雨的侵袭，梁柱均未受损，也没有经过大的整修，因此至今基本保留了它原来的风貌。

关于咸和堂，流传着一个颇有传奇色彩的民间故事。相传，咸和堂构建后不久，一个盛夏，众人正在堂内围坐消暑，忽见堂外来了一位老者，用拐杖指着咸和堂的匾额大笑不止，口吐奇言"我和你和他……咸者观其所感而天下万物之情也，好堂名，好堂名，哈哈哈……"笑罢，进入堂来，与众人打躬作揖后，在一旁落座。一顽童不畏陌生人，走到老者身边，想用老者的拐杖一玩，老者面带笑容，道："你尚小，提不动呢！"说罢，把拐杖夹在腋下，那顽童只得作罢。接着老者取出葫芦，喝起酒来，酒香四溢，众人啧啧称奇。老者一边喝酒一边慢慢地撩起裤管，不觉打起了瞌睡。人们一眼望去，见老者双腿已溃烂不堪，隐隐约约似有蛆虫蠕动，引来众多苍蝇。老者不时随手一挥，抓住一把苍蝇，直往嘴里送，吃得津津有味，咀嚼时不断发出碎剥声。众人越看越奇，不禁问老者："姓甚名谁，家住何方？"老者笑而不答。人们一再追问，只见老者微微一笑："老朽姓李，无名，天下为家。"说完，便匆匆与众人告别。离去时人们见老者坐过的地方，剩下一堆瓜子壳。事后人们猜测是神仙铁拐李来到了此地。据说这里苍蝇极少，是因为神仙把

苍蝇吃掉了。

走进咸和堂，端正的"咸和堂"三字高挂梁上。堂内墙面黯淡，木梁色泽深沉，石柱颜色灰白，露出明显的时光留痕。堂前赫然画着三面左右对称的红旗，红旗中间白色空缺处原本是毛主席的伟人头像，红旗上方写着"敬祝毛主席万寿无疆"，红旗下方绘有向日葵，并书写"永远忠于毛主席"，这是"文化大革命"时期的遗留。

新中国成立前，咸和堂为本房老人闲坐谈笑之场所。建国初，成为八房农会兵集体宿舍，曾做过村塾学堂。20世纪60年代后改为本村粮食加工厂。2011年实施"美丽乡村"建设工程后，粮食加工厂搬迁至别处。同时，村里对咸和堂的周边环境进行拆迁改造，并对堂予以修缮，恢复了咸和堂原貌。

恢复原貌后的咸和堂成为中央电视台CCTV-4《国宝档案》"家在钱塘"拍摄点，杭州市园林文物局于2018年8月立牌以纪念。

信步在荻浦村中央的青石板路上，只见现代民居与古建筑相依相偎，古老而低调的咸和堂在现代民居面前像一位饱经风霜的老人，默默地坚守着"和为贵"的文化传承。

爱莲堂：环溪村里一朵莲

孟红娟

　　爱莲堂位于江南镇环溪村，原为周氏先祖周敦颐的学堂，原名叫"濂溪书院"。周敦颐是一位出了名的清官。他晚年在庐山莲花峰下建濂溪书院讲学。大哲学家朱熹去书院拜谒时，见院内有一莲池，遂挥毫题写了"爱莲堂"三个大字。以后，周氏后裔以"爱莲堂"作为本族祠堂堂号，一直沿用下来，环溪村也

爱莲堂

不例外。

周敦颐一生最爱莲花，他的品性在环溪村得到了传承。环溪"爱莲堂"始建于明嘉靖年间（1522—1566），坐北朝南，占地546平方米，五间三进，为观音兜硬山顶，依次为前厅、大堂和讲堂。堂内牛腿、斗拱等木雕装饰均经彩绘，画栋雕梁，几经修缮。

站在爱莲堂门前，抬头可见祠堂大门上方挂有"周子祠堂"匾额，刚劲有力。"门对天子一峰秀，窗含双溪两清流"，对联道出了环溪村的历史人文和地理环境。远处的天子岗，带着王者的霸气傲立在群山之中。据载三国时孙权祖母葬于天子岗，这一时间沉淀下来的古老历史，给环溪村带来一丝神秘的文化气息。朱红色的大门墙上挂有"廉政教育基地"和"环溪村文化礼堂"等牌子。

跨进大门，堂内一进为前厅，明间后檐下双檩均雕花，刻有丹凤朝阳等图案，栩栩如生。二进堂上高挂"爱莲堂"大匾。明间前檐的檩条，则雕以双龙戏珠、双鹿等。这根"双龙戏珠"的雕花檩条颇为罕见，彰显了环溪先人的审美取向和建筑智慧。

一进二进之间隔着天井，其实已融为一体。堂内左右墙上分别挂着周氏图腾、周敦颐的《爱莲说》、环溪周氏世系图、造型各异的墨荷图和历代名人名言。它们无疑是爱莲堂的精髓。

周氏图腾记载了周族始祖后稷诞生的传说。周氏图腾刻在朱红色的墙上，显得古朴而悠远。

周敦颐的第十四代孙周维善于明洪武十七年（1384）迁居环溪，至今有630多年的历史。自此，周氏一族在环溪村繁衍生息，逐渐壮大。整个村落以周子宗祠"爱莲堂"为中心，设计成一纵三横的基本格局，经过二十几代周氏族人的不懈营造，至今已有160余户1800多人的规模。如今，环溪村因清莲文化成为美丽乡村建设的"浙江样本"、全国典型，相继为2011年全省美丽乡村现场会、2013年全国改善农村人居环境工作会议第一现场。2013年7月11日，中共中央常委刘云山同志视察环溪，同月29日《人民日报》头版头条报道环溪。

右边墙上一幅幅清雅的墨荷图装点着古老的祠堂。左边墙上陈列的一幅幅名人名言，让人感受了先贤们的谆谆教导，"一丝一粒，我之名节；一厘一毫，民之脂膏。宽一分，民受赐不止一分；取一文，我为人不值一文。谁云交际之常，廉耻实伤；倘非不义之财，此物何来？"（清·张伯行《禁止馈送檄》）

这些以"莲文化"为主题的廉政书画昭示着人们不仅要用心体会莲的美丽和纯洁，还要体会莲的思想、品格和精神，尤其要以莲的品格洗涤心灵的尘埃。

爱莲堂不单属于名节高尚的先贤古人，也属于家风清正的普通百姓。二进大堂里陈列着当代环溪村党员家风家训、治家格言、环溪家规家训系列活动图片及最美家庭展图。"实爱无成见，真信须勿疑""上尊老，下爱幼，和邻里，亲家人""与人为善、知书达理、勤俭持家、和睦共处"，这些朴实的家训宛如一朵朵淡雅的莲花开在新时代的环溪村里。

三进原为寝宫，早先用来供奉周氏祖宗牌位，现为环溪村民的道德讲堂。较之外面的新楼华宇，三进堂已显得陈旧黯淡，但讲堂里白色墙壁上的村庄logo和"清莲环溪，秀美乡村"的主题标语让人眼睛一亮。环溪村logo的设计应用，使环溪成为杭州市最早拥有村标的村。讲堂亦为村民的议事厅，是中共杭州市拱墅区职业高级中学支部党建活动基地。堂内的柱子上悬挂着与环溪爱莲堂、安澜桥等有关的名人诗词和楹联，洋溢着别具一格的诗情和画意。

若说爱莲堂是环溪村民的精神家园，那么位于三进堂东侧的爱莲书社则是点燃环溪村文化建设的"星星之火"。为充分发挥古祠堂的作用，村两委会于2006年在爱莲堂成立"爱莲书社"，并向村民开放。书社有藏书15000余册和一个电子阅览室，是村民学习的"大书房"。2012年爱莲书社被评为"全国示范农家书屋"，2013年被评为浙江省五星级农家书屋，2015年获杭州市"最具影响力阅读空间（乡村）大奖"，为杭州市悦学体验点。

回首古老的爱莲堂，但见它在阳光和风雨中低调地散发出莲的清香。它的清香吸引着来自全国各地乃至海外的各类专业人士和考察团。他们有的来寻周氏先祖，有的来交流农家书屋建设，有的来感受周敦颐《爱莲说》的莲香。中国民间艺术家协会副主席罗杨称赞环溪为"中国莲文化滥觞之地"。

一拨人走了，又一拨人来了。望着络绎不绝的客人，若有呼吸，想必古老又年轻的爱莲堂也会心潮澎湃。

邓氏宗祠：呕心沥血的故人情怀

童志萍

邓氏宗祠位于江南镇邓家村，民国三十年（1941）经本村能匠邓郎麟设计、村民自筹资金动工首建，至民国三十三年（1944）建成。

宗祠坐北朝南，块石墙，木结构，双坡硬山顶，三开间，刚建成时为三进。现存宗祠占地面积415平方米，面阔15.95米，前后两进进深26.01米。一眼看去白墙黛瓦女儿墙，中门上青石门额，从右至左有阳刻楷体"邓氏宗祠"四字。祠堂内主体

邓氏宗祠"聚庆堂"牌匾

架构风貌清雅，雕刻工艺精湛。第一进明间用三柱七檩，明间为戏台，两次间建有厢楼作演员化妆间，舞台延伸有锣鼓厅，厢楼下为过道。为扩大戏台面积，明间前檐柱各向次间移出35厘米。戏台正面二檐柱间的花枋长达5.5米；天井卵石铺筑，两侧为二柱五檩、双坡硬山顶过廊。第二进明间用四柱九檩。2008年1月，被列入桐庐县重点保护古建筑；2015年10月被列入桐庐县历史建筑。2018年，时任桐庐县委书记毛溪浩白访夜谈来到邓家村，提出要保护这里的古建筑，于是村里组织人员对祠堂进行翻修，补齐了被盗的多个牛腿，并安排专人看护。

进入祠堂，绕过戏台便是天井，两侧分别挂有祠堂建设和邓氏家谱"助洋"牌匾，"助洋"二字轻易把人带入那个用"大洋"的历史年代。走过天井就能看到正厅梁上悬挂的"聚庆堂"牌匾。三个大字为落成典礼时时任桐庐县县长朱海槎亲笔题写，与戏台上"引古论今"四个字遥遥相对。说起建祠堂的原因，村里人都很感慨当时村民们的凝聚力。

1940年元宵节，桐庐江南片各村落在锣鼓声中开始迎龙灯，每一支龙灯进村后绕村游行一圈，最后都会到"盘祠堂"祈福。邓家村没有祠堂，送拜帖的嘟囔了一句"这个村嘎怂个，盘福送元宝都没有个落脚的地方"，这让现场所有赶场子闹元宵的村民感觉丢了面子。当时村里的"索面大王"邓某条件稍好些，当即提出启动资金200大洋他出，一定要挣回这个脸面，在村口建一幢自己的祠堂。

祠堂建设资金全靠各家各户捐款，天井左侧墙上挂有功德牌匾，详细登记了捐款人姓名和金额。因为当时生活条件拮据，建设人力是按照人头"供饭出丁"的，耗尽了村里前后近5年的物资和劳动力。

整座祠堂采用的手艺来自本村的邓郎麟。他是当时江南一带最有名的木匠，18岁学成建房，所有木材全部手工取量、所有梁上和牛腿皆手工雕刻，以当时村民喜闻乐见的封神榜为主题，配以吉庆有余、花开富贵和梅兰竹菊点缀。

祠堂建成后，村里集体议事或做"大事体"都在这里举行。现在祠堂主要用于春节、过时节做戏，元宵迎龙灯。

潘氏宗祠：积善家风代代传

孟红娟

山水青源，源清山翠。在江南镇青源行政村中心，坐落着一幢坐西向东的平层建筑，这幢建筑白墙黑瓦马头墙，是谓潘氏宗祠。

宗祠大门前，两尊威武的石狮子静静地守护着，两根笔直的旗杆竖在石狮两

潘氏祠堂"积善堂"

侧，旗幡上分别写着"五谷丰登"和"风调雨顺"字样，寓示着人们对美好生活的向往和愿望。宗祠大门门楣的外墙上绘有"二十四孝"中的故事。孝，是儒家伦理思想的核心，为中华民族传统文化之精髓。潘氏宗祠的墙绘，彰显了中华民族源远流长的淳朴美好的敬老养亲思想。

据记载，潘氏宗祠始建于清朝道光十六年（1836），青瓦石墙木结构，双坡硬山顶。整幢建筑有三堂二井三开间，前后两进，占地面积400余平方米，充分体现了当初潘氏祖辈30几户百余人团结一心、艰苦创业的合心、合力和合作精神。潘氏宗祠历经170多年风雨的侵蚀，2007年9月遭遇一场特大台风，致使二分之一的人梁折断呈倒塌状。这时，同血缘的潘氏后代们发扬先祖的优良传统，决心重修祠堂。在政府和有关人士的大力支持下，历时3年，祠堂于2010年9月竣工。由于村道拓宽，潘氏宗祠修建时整体北移4米，地基升高30厘米，除了墙体以砖代石，尽量保留原梁、柱、牛腿的原貌。

进入大门，祠堂内天井、门厅敞亮通透，粗梁大柱整修一新，透着一股庄重肃穆的气势。

大门进祠堂侧面墙上刻有潘氏家训、青源潘氏世系图和青源潘氏圆谱捐资功德榜等。潘氏家训用十个连排对仗的句子告诫族人应该做什么，不应该做什么，最后用"孝行天下　善盖一方"收尾。家训涉及为人处世、习俗礼仪、贫富婚姻等，涉及面广，内容丰富，体现了潘氏家族谨遵先祖教诲、崇德向善的教喻。青源潘氏世系图记载了青源潘氏自第一世至第十八世的家族人脉，可谓枝繁叶茂。据《桐江青源潘氏宗谱》记载：青源始祖于明朝时自歙州迁居富邑屠山（现富阳区场口镇屠山村），至今有五百多年的历史。二进上堂积善堂匾额下有一对联写道："木本自屠山郁郁葱葱满青源 水源连官园子子孙孙衍三房"，道出了青源始祖的来历。

二进的上堂有四幅匾牌。正中堂上悬挂着"积善堂"，左右两侧匾牌分别是"一乡称善"和"万代纲常"。积善之家，必有余庆，这是"积善堂"的来历。这些匾牌的意思是教导人们为人处世要乐善好施，行善积德，这是"万代纲常"。另一块匾牌"宗谊千秋"于祠堂修缮后由其他宗亲赠送，表达了宗族间的情谊永恒，代代相传。"积善堂"匾牌正下方挂着青源潘氏始祖由公画像和始祖由公夫人李氏画像，二位始祖端正端庄。

上堂至一进明间的屋柱上由上到下挂着四副不同字体的对联，分别是"礼节乐和四方蒙福，道明德立千载垂声""古今来几许世家无非积德，天地间第一件事还是读书""乔木千枝思已本，春江成派溯清源""顷刻间千秋事业，方寸地万里江山"。这些对联喻示人们要读书明理、立德守礼，古朴典雅，充满了浓郁

的文化气息。

在四大文明古国中，唯有古中国文明没有没落，正是因为有上述这些文化的力量，支持着中国继往开来，使中国的历史永存。

潘氏宗祠两进之间的天井通面以鹅卵石铺筑，使堂内光线亮堂。

祠堂内一进明间用三柱七檩，原先设有戏台，戏台下为通面走廊，东、西二头开有侧门。一进梁上挂着"今颂三斯"的匾牌，"三斯"指的是二进堂前堂后悬挂的三张匾牌"一乡称善""万代纲常"和"黄堂擢异"。匾牌两侧有一对联，道"千年宗族一条根 万代潘氏同堂亲"，意思是无论何根何源，最终千溪汇合成为同一条江，这告诉人们要有海纳百川的胸怀。

二进后面的荫堂里，陈列着桐江青源潘氏列宗列祖的牌位，里面庄严肃穆，让人不由自主地屏气敛声。荫堂门楣上写着"黄堂擢异"四字。黄堂，是指古代太守衙中的正堂。擢异，是择优破格提拔的意思。据《桐江青源潘氏宗谱》记录，唐末黄巢农民起义后，"首以江东邦本为忧"，便派潘名到歙州。潘名到任后励精图治，得到朝廷认可，于是由宰相大书"黄堂擢异"四字，颂扬名平寇安民，复业一州之功。

桐江青源潘氏宗祠里名句、典故排列，各种对联阵容豪华，折射出潘氏宗族自古以来的文化信仰，不愧为潘氏家族的精神家园。

积庆堂：桐南方氏的人文传奇

李 龙

方氏宗祠位于江南镇石阜村石伍自然村北。方氏宗祠又称积庆堂，俗称大祠堂，建于清乾隆嘉庆时期，咸丰年间因遭破坏重修。1997年，族人筹资再次重修，历数年完成。2014年始，又用两年时间，对祠堂内部及周边环境进行大整修，现已焕然一新。

方氏宗祠坐西北朝东南，占地649平方米，三间二弄三进，面阔19.90米，观音兜砖石墙，轩廊大门，祠堂门口恢复一大广场，地面用鹅卵石铺成，并新建影壁；

积庆堂

门前有旗杆石一对，门上大匾白底黑字：方氏宗祠。

宗祠第一进为大厅。中进为正堂，高挂"积庆堂"黑底金字大匾，十分宽敞，可供十二张八仙桌摆祭设宴。后进为荫堂，即神主殿，正中上位供方氏始祖神主牌位，前有豪华红木描金供桌。大厅与中堂之间，有一个大天井，天井由石板铺筑，两侧为廊，两坡硬山顶。祠堂整体形象古朴，梁架上斗拱、山雾云装饰，二进明间栋下吊柱，用柱粗壮，石础高大，很有特色。中堂与荫堂之间，中有上供道，两旁有两个小天井，石板围成。

祠堂自明代中叶祭祖礼制变革以后得到兴盛，当地乡风注重宗法，聚族而居，每村一姓或数姓，一般大姓各有祠堂，支派还有支祠，大多堂皇宏丽，与居室相间。石阜村现存方氏祠堂多座，而以方氏宗祠为最，以其宏丽的规模、高耸的形象成为村落的标志、宗族的荣耀。

方氏宗祠因多次修葺，也多有改变。如门前道地，此前则是一幢多层民居，祠西大门封闭，只从南边门进出。祠内第一进此前也改造成了戏台，好在现在又基本恢复了旧日面貌。

方氏宗祠内有相当多的对联和匾额。据村中年长者回忆，当年甚至还有刘伯温、康有为撰写的对联，挂于一二进间天井边柱子上，可惜"破四旧"时被拆除烧毁。因元末刘伯温曾在翔岗设馆三年，与近在咫尺的石阜有往来也很自然；且还有刘伯温智救方礼的一段传说故事，所以两人间有交往也未可知。而留下墨宝后用于祠堂也在情理之中，故作为一说录于此。现在的对联均为新制，从石阜方氏的各个方面加以反映，作为对方氏文化的弘扬，以对联的方式予以传承。

祠内匾额，从村民口碑中得知，为附近各村祠堂中匾额最多的一座，这从梁枋的遗留痕迹也可佐证。所以此次整修力图恢复。在此特介绍部分匾额所蕴含的文化内涵，以期让更多人了解方氏的人文传奇。"礼耕学耨"则说方礼本为读书人，为保村民劝耕耨，在此一方面是指方礼劝耕，堆石成阜之史实，也借指耕田治农代指治理天下也。"克承首义"说的是雍正元年方成霖首倡义建窄溪埠，民国四年又拨祠款重修，是为克承前义之举。"是君子儒"则是说石阜名儒方骥才，当年邑令何维仁凡三请而不见，特访，又不见。何县令高其德行，赠额"是君子儒"。"肄书扶杖"则是说袁昶微时得方金琢接济一事，后袁昶贺诗《寿方古香丈八十》有"课子肄书黄槲社，劝农扶杖白云村"之句。"父子大义"反映的是方发培曾出粟千余石施赈不复取偿，其子庚泉行船遇劫能凛然开陈大义，使贼子回头。"高情盖世"则是方辛序同邑周环桥先生诗集中有是语，实为抒己之胸臆，亦为他人眼中之先生是也。"挂剑扶桑"说的是方逸夫事，他毕业于日本早稻田大学，师夷长技以制

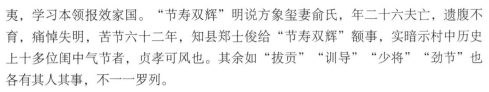

夷，学习本领报效家国。"节寿双辉"明说方象玺妻俞氏，年二十六夫亡，遗腹不育，痛悼失明，苦节六十二年，知县郑士俊给"节寿双辉"额事，实暗示村中历史上十多位闺中气节者，贞孝可风也。其余如"拔贡""训导""少将""劲节"也各有其人其事，不一一罗列。

现在的方氏宗祠经过精心整修，断柱换新、残壁加固、地面墁砖、墙上布展、楹上挂联、梁间悬匾，再现当年盛时光景，增添祠堂文化气息，已成为多村修建祠堂的参考样板，更成为村中及省内外方氏宗亲祭祖联谊的精神家园。

我因较深度参与了石阜村文化建设，所以写了《积庆堂记》，特录于后：

桐南方氏建祠亦久矣。今有石阜积庆堂，肇始于乾嘉年间，咸丰末圮后重建。惜族谱之未存，口传之多讹，其鸠工庀材之详，竟湮没不可知也。

今有族人讳明亮者，受民拥戴，接篆全村，悉心经营，岁登民和，百废俱兴。每念及古来凡有功德于民者，皆得祠祀荐享，百世不祧。祠，一族之根本，岂容梁柱倾颓而先志蒙尘？携村贤聚族而谋，自是山呼海应。乃恢规拓地，别其芜杂，穿池导流，营凿如法。绩之告竣，欲勒石于铭，嘱予为记。

夫祠堂者，上以具岁时之享，下使子孙瞻焉。古训言之，保姓受氏，以守宗祊，世不绝祀，不可谓不朽。方氏，桐南之巨族；石阜，吾邑之大邨。溯其先祖之德，隆且显也。方雷氏之武，唐玄英之文，其名久远。自璿公宋末入迁，甘泉明季劝耕，代有巍科硕行者应运而出，人文荟萃，鸿儒渊薮，可谓四荣风交，万拱云薄。厥后民风古乐，士习尚义，教化之功莫大焉。

余观祠之成也，前瞻天子华林之遗韵、后仰云源钓台之高风，左依富春之便捷，右纳大源之清流。登高而望，屋宇鳞次栉比；临溪而掬，潭池鱼跃云浮。圹堎瓴甓，栋梁榱桷，雕琢绘画，文饰焕彩，高敞宏丽，名重江南。

昔之宗祠，尊祖敬宗，慎终追远颂祖德，有古方有今，无祖何来孙？今之祠堂，以文化人，激浊扬清正家风，有大方有小，强国可富家！积千年福祉，庆万代光辉。积善之家必有余庆，方氏宗祠堂名积庆之意尽其中矣。噫，光于前者，可裕于后也。遂为之记。

敦睦堂：笔走龙蛇文墨香

许马尔

敦睦堂位于江南镇徐畈村北面，前望鸡峰高挺秀，后邻狮岭喜迎祥，宗祠坐东北朝西南，建筑总面积为548平方米。2015年10月被列为桐庐县历史建筑之一，2018年中央电视台《国宝档案》栏目把敦睦堂作为"家在钱塘"节目的拍摄点。

敦睦堂宗祠门前的明堂很宽阔，大门及上方木构件漆以朱红，明快而热烈。该祠堂为三间两弄，硬山顶徽派建筑，三进厅堂两侧的山墙高过屋面部分的墙垣，采用观音兜建筑形式，其特点是线条简洁，顺着硬山顶山墙的形状构成一条完整的曲线，看上去具有精巧、修长、飘逸之感。

敦睦堂大门前为两柱三檩卷棚顶廊轩。八字墙内的门前有四根檐柱，其中两侧檐柱为方形石柱，中间两根檐柱是圆形石柱，石柱上端的横梁、轩梁、额枋、斗拱与牛腿等，巧构细镂，皆为雕刻精美的木构件。中间檐柱额枋下牛腿以圆雕手法雕有一对狮子，额枋上为四攒五踩四翘品字斗拱，拱眼深刻雕花，流线之美，让人赞叹不已。大门上方匾额"徐氏宗祠"四个大字为桐庐书法名家王璋所书。

徐氏宗祠

一进前厅，二柱三檩，两坡屋面硬山顶，矩形天井皆为淳安茶园青石板铺筑，天井两侧

为回廊，二柱三檩，两坡硬山顶。

二进中厅地面高于一进20厘米左右，五柱九檩，金柱间设太师壁，中间明间壁上悬"敦睦堂"巨匾一块，三字为王璋所书。两边次间靠山墙一侧各置一条板壁弄通往三进，而且厅前两侧山墙各有一个边门，俗称龙虎门，平时祠堂大门并不开启，人们进出走左侧边门。

穿过中厅两侧过弄即第三进。三进为寝殿，俗称荫堂。寝殿乃是供奉祖先神位的所在，并列三个三开间的香火堂，堂内供奉着祖先的牌位，这也是宗祠最重要的一个部分。寝殿地面比天井高出五档踏步，寝殿为三柱七檩。天井两侧为厢房，两坡硬山顶。

徐氏自宋末迁居徐畈已有700余年。徐氏宗祠的历史已很久远，据《徐氏家谱》记载，原徐氏宗祠于明正德七年（1528），因祝融为虐，曾付之一炬。至清顺治己丑年（1649），由徐氏族人捐田重建，当时为前大厅、中天井、后荫堂三间二进建筑。乾隆三十七年（1772）又扩一前厅，成为三间三进建筑，堂号也由"昭穆堂"改为"敦睦堂"。

至清光绪二十八年（1902），敦睦堂年久失修，族人徐成尚等人创修，这次主要先修前厅，并且把木柱改为石柱。至民国二十年（1931）由族人徐时洪等主修，将中厅及两厢木柱易为石柱，其石柱采于淳安茶园，经船运至横山埠，然后人工抬回徐家畈，并对捐石柱者皆在本石柱上刻有姓名，以激励后人。

经过上述几次整修，敦睦堂徐氏宗祠面貌已焕然一新，柱子除荫堂以外全部易木为石，每根石柱皆镌刻上楹联，其内容均为儒家思想。清光绪二十八年（1902）的石柱楹联由本族秀才徐行恕所书，民国二十年（1931）的石柱由族人徐茂龙所书。

祠堂建筑一般都比民宅规模大、质量好，以显示家族的权势和财势。而今天看到的敦睦堂宗祠则更为讲究，高大的厅堂、精致的雕饰、上等的用材，而且每根石柱上的楹联挥翰流离惊笔力，寄怀得句做文章，更是徐氏家族光宗耀祖的一种象征了。

徐氏宗祠有40支石柱，每支石柱上镌有楹联，其楹联多达21对。其中大门楹联"派衍南州教子孙以正道，支分东海遵祖父之诒谋"，这20个字道出了徐畈徐氏的世系渊源。又比如门柱上的"子孝父慈满座春风生宇宙，弟恭兄友一团和气蔼门庭"楹联，这22个字传达出这个村庄的包容—— 一个村三个姓家族的和睦相处。

在敦睦堂宗祠楹联中，虽说有不少是称颂先人的句子，但对今天的人来说，除了对先人的景仰，有很多楹联还起到了教育与启蒙作用。

王氏宗祠：传承红色基因的教育基地

黄新亮

王氏宗祠位于横村镇柳岩村柳岩自然村内，坐东朝西，创年无考，今前进戏台栋桁仍有"中华民国三十三年甲申孟夏五月中浣吉旦"的题记，可知现建筑已有70多年。此宗祠系横村王氏包括柳岩、龙伏和杜预王家的总厅，亦称王氏祖厅。

当年有三间三进，前进戏台，中间敞厅，后进荫堂。整座建筑属于砖木结构，雕梁画栋，白墙黑瓦，歇山顶，马头墙，面阔15米左右，内深50余米，总建筑面积750平方米，前庭旗杆高耸，抱石鼓一对，中悬巨匾"尚义堂"，现为"祖厅"字样巨匾，颇为气派。1949年后年久失修，20世纪80年代后近塌圮。2002年村人集资重修，拆除后进，存两进，面积460平方米。

先说这八字台门，平时出入祠堂走左右两侧边门，遇王氏家族举行圆谱大典，族人婚嫁、丧葬和祭祀大事，才开启正大门。据了解，从大门进入宗祠穿过戏台下方，则设置可移动台板的便捷通道。台门月梁和桁条上有各种木雕图案，门柱牛腿有精制木雕图案，或祈福祈祥保太平，或弘扬家族传统精神。因时代变迁，习俗嬗变，宗祠重修时，改为南面侧门和东面后门作为出入通道。门头两侧皆设窗户，利于室内充分采光和通风，且门窗互为呼应，相互映衬，既科学合理，又增添建筑美感。

戏台两侧设置看台，官宦富裕人家才有资格进看台作近距离观看和喝茶休闲。戏台雕刻非常繁杂华丽，台檐下的花枋雕有云纹、花草纹饰。台上方大梁出头都是一对大鱼龙。前沿卷棚出檐。柱子牛腿左边是隋末唐初名将秦琼挥舞金鞭，右边是大将尉迟公虎虎生威。两厢牛腿为"陈抟献寿"和"寿星献桃"。两厢小格窗棂镂刻非常精美。中厅前两只口含玉珠大狮子牛腿，威武生动。介于天井之间柱子牛腿上是寿星驯鹿，神态逼真，雅趣十足。

桐庐古建筑文化基因解码

王氏宗祠

天井原铺筑茶园石，由于毁损严重，现改为水泥砖，基本保留原有的形制和功能，且富有一种现代感。

正厅开阔、敞亮，除了金柱上篆刻的楹联，正上方和太师壁及墙面无任何文字布置。祭祀和放置祖先牌位的寝宫已不复存在。

祠堂曾经做过办公场所、老年活动场所，北伐战争桐庐战役中该厅曾作为北伐军东路前敌总指挥白崇禧将军的指挥部。现村两委拟将其作为村文化礼堂，发挥其文化家园的功能与作用。

王氏宗祠既是一方王氏家族后裔乃至柳岩村村民的精神家园，也是桐庐县一处传承红色基因的教育基地。

振德堂：茆坪胡氏心灵栖息的港湾

许马尔

茆坪村口一株株樟树、苦槠树、黄连木、麻栗树参天耸立，夏天浓荫蔽日，秋时色彩斑斓，与那座白墙黑瓦的圆洞门古亭一起扼守水口。沿着古道的台阶而上，穿过亭子两道门，再经过三道圆洞门向左拐，绕过照壁，走进卵石铺就的弄堂，便进入茆坪古村了。

首先映入眼帘的是一幢粉墙黛瓦的徽派建筑——胡氏宗祠。宗祠大门框由条石砌成，石砌门梁上"胡氏宗祠"四个鎏金大字，气宇非凡。宗祠前有一地坪，俗称明堂，四周筑有围墙。2011年，胡氏宗祠被列为桐庐县第四批县级文物保护单位。

振德堂

茆坪胡氏于宋理宗年间，由寿昌富塘街徙桐江卜居白云村清芬阁左侧，并于明成化年前后由宗公迁于茆坪村。当时胡氏振衿堂在芦茨村清芬阁左侧，茆坪

胡氏离家庙相去二十里许，春秋致祭跋涉往来俱多不便，于是在清乾隆三十七年（1772）另立振德堂宗祠，后于同治壬戌年（1862）重修，2003年又做过一次较大的维修。宗祠虽历经岁月洗礼，但建筑风格基本保留清代原貌。

振德堂宗祠建筑面积570平方米，坐东朝西，北侧有文昌阁和古路亭。文昌阁原是供奉文昌帝君之地，现已改为书吧咖啡屋。文昌帝君是主管考试、命运及助佑读书撰文之神，也是读书文人求科名者所最尊奉的神祇。

宗祠大门前的一道门，人们传说是五朝门，其实这不是五朝门，因为只有"午朝门"而没有"五朝门"之说，实际上古代皇宫是三朝五门，这是《周礼》规定，天子五门，诸侯三门，象征着尊崇礼序。民间真要建造三朝五门，那是犯上作乱，要被官府严加查办的。

茆坪村口的五个门洞，是"歪门邪道"补风水的一种方法，古时候在民间十分流行。因为走过仁寿桥进入村口的方位正好是西北向，也就是说本该从西北面进入的，改为从东面进入，以此来弥补祠堂正门与村口朝向的风水缺憾。

比如祠堂大门前20多米长的照壁上，原来曾画有形象逼真的狮子，其实也与祠堂正门与村口的方向有关。因为当时建祠堂的地基所限，正门是朝西北方的，而对着正门的远处正好又有一山峰，所以要在照壁画狮子以挡住外来煞气。因为狮子是瑞兽，狮子属乾卦，居西北方，五行属金，按风水说法具有镇宅辟邪的作用。因此，此处的门也好、狮子也好，均是为风水需要而设，以挡西北方之煞气。

门楼、门罩是一幢房屋的脸面，可以有效地从侧面反映出主人的家业以及价值取向和治家理念等信息，同时更能够彰显家族的社会地位和影响力等。

胡氏宗祠的大门平时并不开启，宗祠南北两边各有两门一窗，人们平时出入走东南面的边门。两旁边门和窗台上方均有门罩外挑，顶上半圆形瓦当雕有精美的图案与文字，而额坊、挂落、雀替、守御、下档、方框部位皆以浓墨描绘来替代，花板处绘有丹凤朝阳、凤舞、金鸡等图案，虽不甚奢华，但也别具风来。

胡氏宗祠布局规整，建筑恢宏大气，梁枋、雀替、牛腿以龙凤呈祥、人物故事、山水花鸟为题材，用浮雕或线刻为表现手法，图案雕刻精美，生动传神，历经沧桑，仍留美韵。

胡氏宗祠为三间三进四合式厅堂建筑，砖木结构，双坡硬山顶，粉墙黛瓦马头墙。一进为戏台，宗祠开正门时，中间为活动台板，台板掀开即为大门通道。一进明间三柱九檩，次间四柱九檩。大门后增一柱，形成双前步，目的是为搭建戏台。戏台上方双重椽，建有藻井，戏台前檐下用6.6米长的花枋，两头以过海梁荷花吊柱与前天井两侧走廊相连，走廊为单坡硬山顶。

二进中厅，也称穿堂，地面高出一进0.28米，明间三柱七檩，前双步间置券棚顶，次间五柱七檩。正面高悬"文安郡"匾额块，背面匾额书有"清芬余泽"四个大字。振德堂的梁架规整有矩，粗柱肥梁，其柱子采用抬梁式构架与穿斗式构架两种方式，顶端无柱的部位，抬梁式构架以斗拱架檩，而穿斗式木构架则以不落地的柱子截短骑于穿枋之上架檩。

三进为寝殿，即为供奉祖先牌位的地方，也是宗祠最重要的部分。地面高出二进0.58米，明间四柱七檩，次间五柱七檩，前后双步，内五架梁。天井两侧均为二柱三檩的单坡硬山顶走廊。金柱之间设有太师壁，太师壁上方悬挂题有"振德堂"三个鎏金大字的匾额。其匾额顶端悬有一个盒面鎏金的四方形龛盒，此为存放圣旨的龛盒，足以见证当年胡氏家族的荣耀与辉煌。太师壁上挂胡氏祖宗画像，画像两侧包括左右金柱挂有对联。紧挨太师壁置有长条案几、八仙桌、太师椅等家具。三进墙上挂有"老有所为，老有所乐"等条幅，而高悬的那块象征茆坪精神的"振德堂"匾额，仍展现着激励胡氏后人"以德治家""以德处世"的期望。

祠堂南面卵石小路，巷道曲折，粉墙黛瓦，门户各立，庭院深深，与宽阔干净的前街相映衬，别有一番景致。外人置身其内，如入迷宫，很容易不知所向。

每年农历九月十五日是茆坪村的传统时节。这一天，人们抬着三尊"菩萨老爷"在村里巡游，走过人家，穿过弄堂，然后到祠堂里坐殿，会给"菩萨老爷"演上三天三夜的戏文。茆坪村抬"老爷"是一种祈祷平安，保佑一方，风调雨顺，消灾灭病的风俗。祭祀是按着一定仪式进行的，这种希望菩萨"受人钱财，替人消灾"的方法，恐怕也是人们把人间的通则加于了神灵的身上，并成为祭祀的一种心理动因吧。

20世纪三四十年代，茆坪村艺人胡海根、胡庆祺等人，对原有板凳上置简易花灯的制作工艺，加以改进丰富，推出茆坪板龙，一时间成为附近各乡镇争相观看的节目。近年来，茆坪村通过挖掘、整理、开发这一独具特色的"龙文化"，使舞板龙已为新农村建设增加一抹文化的色彩，当然也把一个村的"人心"舞到了一起。

作为新农村建设的窗口，胡氏宗祠是人们记住乡愁的地方，也是胡氏家族心灵栖息的一处港湾。

俞氏宗祠：光前裕后福泽长

缪建民

俞氏宗祠

俞氏宗祠坐落于富春江镇俞赵村，坐北朝南，占地面积527平方米。五间二进，双坡硬山顶，阴阳合瓦。一进地面低于二进0.43米，面宽17米，进深33米。门厅为七檩，明间无法判断，天井两侧过廊二柱四檩。建筑门厅楼上牛腿等木雕刻精美。今之宗祠为民国间重修，但其前后进的风格有所不同，第二进保留了一些明代建筑的构件与风格。粗大的立柱、礩磴礩板、肥厚的月梁是明代的遗物，整个二进显得简洁、稳重，自有一种威严。而重修后的一进，则是清代和民国间的风格，梁架略显单薄，讲究雕刻装饰。一进明间设一戏台，大门为排式大门，置前檐廊，廊顶为卷棚顶，6支檐柱上人物古诗牛腿保存完好。

俞氏宗祠的建造，据说与历史上的明朝大臣俞都堂有关。

俞都堂名俞谏（1455—1524），孝泉乡（今富春江镇俞赵村）人。他自幼聪颖，刻苦好学，博览群书，贯通经史。明弘治三年（1490）登进士，授山东长清知县。吏部考评，誉为"东藩第一令"。不久升任南京监察御史、河南佥事、广东副使、大理少卿、右佥都御史、右副都御史、右都御史等职；嘉靖二年（1523）执掌总都察院事，诏赠太子太保。俞谏为官20余年，由七品知县跃居一品高位，可谓仕途亨通。然而，他在任上时，正值皇帝昏庸、臣官刘谨擅权、朝政日非之时，天下流民四起造反，俞谏站在尊王忠君的立场上，南北剿抚，为大明王朝立下了汗马功劳。《两浙名贤录》称："俞谏博古通今，才兼文武，虽古代之名将良相，亦不能超出其右。"总观俞谏一生，经学淹贯，敏达过人，刚毅敢为，在当时的历史条件下，称得上是一位好官，而他不畏权势，与宁王作坚决斗争的精神，更是值得称道。

俞都堂巡抚江西任上时，南昌宁王朱宸濠反叛之心渐露。俞谏四次上疏揭露，因宸濠贿赂权奸，奏疏不得报，险被罢职。正德十二年（1517），俞谏应召还京。不久他便托病辞归乡里，闭门不出长达6年。据说就在这期间，他建造了俞氏宗祠。

在俞赵村，"俞都堂私造金銮殿"的传说可谓家喻户晓。传说俞都堂在家乡曾私造金銮殿，后有一位朝廷官员将此事举报给了皇上。皇帝为查清事实，暗派官员到俞赵调查真相，幸有一太监将此消息密告俞都堂。俞即暗派亲信，马不停蹄地赶到俞赵报告给他家人，仅一夜之间所有建筑拆为平地，并种上荞麦。等皇帝派来的调查人从京城赶到俞赵村时，只看到一片绿油油的麦苗。

另一传说是俞都堂在京为官，捞了不少银子。但是要把银子运回家里，一时想不出好办法。就在这时，俞都堂的赵姓亲家上京看望他。他就把赵亲家带到金銮殿，并叫他击鼓。皇上见有人击鼓，就问什么人什么事。俞都堂就上殿启奏，说是他亲家上殿击鼓要奉献白银十万。皇上听了很高兴，就当殿封他为赵十万。可赵十万发愁了，他在京城里根本就没有银子，银子都在家里。俞都堂就跟赵十万说：我这里先给你垫上，你回到家里后，再把银子还给我家吧。

就这样，俞都堂不费吹灰之力，把十万两银子运回到了老家。后来俞都堂便服回到家里，圈了土地动工造金銮殿，家中母亲问他当的什么官，俞都堂一直都没有说。俞都堂来家时，坐的船停在螺蛳库码头，桅杆上有标记，来往官员就相约来访。俞都堂把一支金批箭挂在止车门口，大小官员来到止车门见了金批箭就跪在地上。这时俞都堂在家里对母亲说，你到止车门去看一看，叫他们都起来。母亲来到止车门口，大小官员跪了一地，母亲叫他们起来。其中有一位兰溪的官，是混在当中来查俞都堂的，终于得知俞都堂造金銮殿一事，就赶紧回京启奏皇帝去了。大小官员离去之后，俞都堂感到事情不妙，就赶快把未造好的金銮殿夷为平地，并撒下荞麦种子。等到皇帝派人来察访时已经是一片荞麦了，启奏俞都堂造金銮殿的官员，受到了皇帝的惩罚。

当俞谏辞官归里后，宁王对他一直耿耿于怀，一直想置他于死地，因此就派人监视他，暗查他归里的情况，这是历史的真相。俞谏归里后曾大兴土木建造房子也是真实的，如今还有两只雕刻的石花缸保存了下来。俞谏辞官不久后，宁王果然反叛，朝廷就认为俞谏是忠臣，又重新重用。

俞氏宗祠内庄严而沉稳，在梁柱的对联里，渗透着对村民的道德指引和教诲。祠堂墙壁上挂着一幅幅图文并茂的版图，写着俞都堂蓄发明志苦读成才的故事，是村民教育孩子的经典范本。

俞氏宗祠于解放初期重修，2011年被列为桐庐县第四批县级文物保护单位。

郑家厅：郑氏迁分兴泽长

皇甫汉昌

郑家厅

郑家厅原位于合村乡合村村，晚清郑氏族人所建，至今已有150年左右了。全厅布局规整，繁简相宜，雕梁画栋，颇具匠心；彩绘相间、精美华丽，文化内涵丰富。1985年被列为县重点文物保护单位。1998年经县政府批准易地保护，整体迁到红灯笼外婆家景区。

郑家厅二进三开间，通宽23米，进深16米，八字门墙，卷棚廊顶，前厅后堂。前厅由廊轩、内四界和后双步组成。廊轩和后双步均置船篷顶。后堂由船篷顶廊轩、内四界和后双步组成。中有一个天井，石板砌成，天井南北各有一厢房。整个建筑占地面积445平方米，是桐庐晚清建筑的典型。

走进郑家厅，首先映入眼帘的是八字形门墙，墙基用须弥石，上面刻有"凤栖梧桐""鹤立青松"浮雕图案。大门门楣上的"郑家厅"匾额，赫然在目。为时任浙江省文物局局长鲍贤伦所题。

进了大门是前厅，左首间设有私塾，是古时候大户人家孩子读书写字的地方；右首间为书场，类似现在的图书阅览室。在私塾的正前方是一个四方的天井，古人建天井有一定讲究，主要作用是通风、采光，同时也暗喻"肥水不流外人田"。步入第二进为后堂，设有供奉祖先条桌或挂上祖先的肖像，上方有"存德堂"的匾额。

郑家厅各厅的建筑构件用料讲究，装饰精美颇有特色。石雕、木雕、绘图装饰手法、雕刻工艺，丰富多彩、引人入胜。如厅内20余只高45厘米、直径在35—45厘米之间折石础，如盆如瓜如鼓，造型各异，饰以"暗八仙""琴棋书画"浮雕图案。梁柱采用柏树、梓树、桐树和椿树，寓"百子同春"，家族永远兴旺发达。三处船篷廊轩梁檩上均有雕刻连枝花纹，山雾云、抱梁云，线条流畅、生动活泼、典雅大方。梁枋、斗拱、雀替、牛腿无不精雕细刻。就像一个雕刻工艺的展览馆，令人目不暇接。如天井四周有八根柱子，柱上的雀替和牛腿雕刻以《封神演义》《三国演义》《水浒传》等传统故事为题材，立体透雕，构图生动。姜子牙骑着四不相，长髯飘逸，一手持令旗，一手握剑，背负捆仙索，统帅三军，一副超然淡泊的风度；闻太师骑着狮子，奉令出征，威风凛凛；托塔李天王高擎宝塔和腰缠红绫、足踏风火轮、手提火枪的哪吒奋战群龙；诸葛亮手摇羽扇，关公手持长髯，周仓提刀护卫……每组雕刻，工艺精细，刀法匀润，人物造型惟妙惟肖，令人叹为观止。至于绘制在大梁和串枋边墙上的彩画和诗歌，由于岁月的流逝和保护不当，现在已模糊不清，难以辨认。据说大部分是郑家先人的故事。我走访了郑氏后人，他说《郑氏家谱》已佚，但有抄谱留存，可惜一时找不到了。郑氏的来龙去脉，可以从大厅后堂的四支金柱上的两副楹联中看出一点端倪。前二柱上有上联"荥阳宏祖坪"，下联"安远盛孙谋"，这副联说的是远祖可追溯到周宣王分封的郑国，子孙相继以国为姓，东汉末年郑当时任西汉大司农，始居河南郡开封县，为荥阳始祖。荥阳郑氏在唐朝有十人为宰相，成了名门望族。而后一副楹联"叙始推源咸林徒虢风流远，伦修纪饬淳邑迁分兴泽长"，上联指郑桓公根据太史伯的建议，把部族、家属和重要财产从咸林（今陕西华县）迁到虢、郐之间，后来郑桓公儿子郑武公一举灭了虢、郐两国，开创了郑国几百年的历史；下联说明郑家于清同治年间自淳安迁至分水合村，并得到了迅速发展，不仅修建了郑家厅，还修建了纪念白居易的白公祠，修路筑桥以利民生。郑家先人用实际行动来彰显自己的家风及在合村和睦发展的美好意愿。

何氏宗祠：王侯功名易飘零，诗书传家继世长

李　璐

　　何氏宗祠位于新合何家村。

　　这是一座建于清道光年间的砖木结构的建筑，牛腿精美、梁柱肥硕，正门首悬挂着一块白底黑字的匾额，上用正楷书写的"何氏宗祠"透出一股含蓄、古朴之美。推门而入，进深42米的三进五开间格局赫然在列，三个呈"品"字形的天井捕获日月之辉和天地之气，整个祠堂呈现出一派恢宏、开阔的气象，让人仿佛置身于200年前的洞天。

何氏宗祠

何氏宗祠以前厅、中庭、寝堂为主体，两翼依次设有厢房、回廊、贤功祠和节孝祠。第一、二进之间的中廊置有一戏台，上有一匾曰"为人鉴"，不禁让人浮想当年锣鼓喧天、丝竹盈耳的场景，

多少波澜壮阔、哀婉缠绵、忠孝节义的故事在这里粉墨上演，剧情曲折委婉，演员水袖轻舞，观众如痴似醉。

门廊前立柱上的牛腿，中间的顶梁、横梁均刻有栩栩如生的"丹凤朝阳""鲤鱼跃龙门"等透雕、浮雕图案，寓意着族人对孝思、仁义等人文理念的追求。贤功祠和节孝词的设立，凸显了何氏家族对长幼尊卑、上贤下孝的家族传统的维护与坚守。

说起何氏的起源，其嫡系先祖为西周姬虞（唐叔虞），为春秋晋国始祖。晋武公时期（前706—前678）唐叔虞十一世孙韩万，官拜晋国大夫，被封于韩地，子孙始以"韩"姓。秦朝（前230），改姓"何"，始祖为韩国末代太子何允。由此看来，何氏家族身份尊贵、显赫，且祖上居于山西、河南等长江以北地区，那新合何氏一支又源于何时何地呢？

这就要从"过江第一始祖"允公第十六世孙——牧亭侯何腾开始说起。东汉末年，中原爆发黄巾起义，灵帝诏皇甫嵩、朱儁、董卓、卢植率军征讨。当时何腾、孙坚同为皇甫嵩、朱儁联军部将，征战中，孙坚被敌围困，幸得何腾驰援解救，化险为夷。故孙坚视长十六岁的何腾为恩公，两人自此成为莫逆之交。平定黄巾之乱后，孙坚因战功赫赫被封为别部司马，何腾也因功晋升为武陵太守。后来，朝廷宦官作奸、乱党争权，何腾恐祸及己身，于是举家自庐州过长江，南迁至曾经驻守过的於潜县受记乡下担（今临安潜川镇牧亭村）隐居。至明朝初年，何氏一族已发脉三十三村。

明成化年间，当时建德五都石塘源的义门何氏义十五公来到高畈（何家村旧称）做货郎生意，因相中此地而定居。祖祖辈辈戒奢侈、崇节俭，男耕女织，家弦户诵，孝友睦邻，子孙绵延，距今已有500余年。

何氏宗祠是何氏祖辈艰辛创业的重要物证。近二百年来，宗祠为促进后世尊宗敬祖、孝顺近亲、规范德行起着良好的教化作用。如今，何氏家族的子孙后代大多已走出山坳，去往更广阔的天地。然而，每至清明、冬至等祭祀时节，大家都会回到这里团聚，寄托对先祖的哀思，以先祖筚路蓝缕的精神，激励后代为创造美好的生活而不断奋斗！

潘氏宗祠：红色基因传承赓续

陈小圆

　　新合乡雅坊村地处桐庐县东北最边缘，新合乡东南端，与诸暨市接壤。四周群山环抱，壶源溪从村前流过。自明正德年间，潘姓由金华迁此后，繁衍生息，至今已五百余年。

　　潘氏宗祠就位于雅坊自然村中心，清代建筑，始建于嘉庆戊午年(1798)，丁卯年（1807）完工。潘氏宗祠建成后，成为潘氏族人商议族中大事、祭祀祖先的重要场所，也是潘氏族人力量凝聚之象征，更是让后人明白先辈创业之不易。1988年春，潘氏宗祠遭遇火灾，除了二进龙凤厅和三进慎德堂，其余建筑皆被烧毁，让雅坊人痛彻心扉。

潘氏宗祠

　　原建筑三间三进，现残存二、三两进。二进龙凤厅占地313.2平方米。坐北朝南，双坡硬山顶，前后无墙。三开间楼房。明间四柱七檩，次间檩搁墙。墙上绘有梁架图案和一些彩色壁画作装饰。南立面檐下柱间自上而下六支花枋十分抢眼。花枋下是东西通面檐廊。二、三进间通面天井，显得特别宽敞。三进后堂坐北朝南。七柱七檩，两次间为楼房。明间无楼，形成一个从地面到屋顶的空间。当地风俗，族人死后必须到这里停放才能下葬。

　　祠堂在20世纪六七十年代时，曾作为生产队学习、开会的场所，现在墙上还留有一些标语口号。"我们的责任，是向人

民负责。每句话，每个行动，每项政策，都要适合人民的利益，如果有了错误，定要改正，这就叫向人民负责。"虽然只是标语残存的一部分，仍然可以知道这是1945年8月13日毛泽东在延安干部会议上作《抗日战争胜利后的时局和我们的方针》的讲演内容。

墙上还有一块木制宣传栏及上方"村民治安责任公约""村民守则"等红色字迹，这里仍然保持着原始的样子，这些都是宝贵的历史遗迹。另一边墙面上是毛泽东《在中国共产党全国宣传工作会议上的讲话》，"凡是错误的思想，凡是毒草，凡是牛鬼蛇神，都应该进行批判，决不能让它们自由泛滥"，文字依然清晰可见。望着祠堂斑驳的墙体，时光恍如又回到了解放战争时期，令人心中情不自禁地涌起深深的怀念和思考，仿佛感受到了七十多年前这里发生的故事。

在旧中国风雨如磐、满目的沧桑岁月里，参加革命首先意味着拼搏，意味着艰辛，意味着牺牲。当年从潘氏祠堂中走出了一位革命烈士潘芝山，他就是雅坊村人，生于1900年。1940年初，在共产党人蒋忠领导下，潘芝山积极参加各项革命活动。同年8月加入中国共产党，曾任中共路西县平湖区中队长。潘芝山在自己有限的生命里，为人民做了大量好事。最为人们传颂的有办学校、为雇农潘忠化娶亲、争夺大宗祠产业管理权等。雅坊村都姓潘，潘氏宗祠有祭田、谱田、学田四十余亩、山三十余亩，岁收入折稻谷约一百二十担。这些产业都被村里的恶霸经管，谁也不敢惹他。1942年初春，潘芝山刚从县监狱保释出来，就发动群众，把大宗祠产业的管理权夺了回来。从此，财物集中，账务公开，遇灾荒年月，还可以无息借贷给贫穷的族人。

此后，潘氏宗祠不仅为村民所用，也成为革命活动的重要场所。1945年冬，国民党加大了对共产党人的迫害和追捕，中共路西县平湖区完全转入地下，区中队奉命北撤。作为区中队长的潘芝山和县大队负责人蒋忠等同志留下坚持地下斗争，并以潘芝山家为落脚点。他的家就在宗祠的旁边，这里靠山，便于隐蔽。他们经常在潘氏宗祠内商量要事，一起研究怎么开展活动，组织群众，集合革命力量。对于潘芝山的革命活动，敌人视为芒刺。1946年，他遭潜伏在村的警察巡长毛润庆枪杀，年仅46岁，1949年后被追认为革命烈士。

红色文化是潘氏族人难以忘怀的记忆，也是潘氏宗祠的另一个重要价值所在，后人到这里参观学习，聆听抗战故事，接受爱国主义教育。所以潘氏宗祠不但是一座精美的古建筑，也时刻提醒我们要牢记历史，宣扬、传承红色精神，不畏困难，勇往直前。

李氏花厅：山阴湾里一名楼

孟红娟

李氏花厅

在畲乡民族村山阴坞自然村里，有一幢被世人誉为文化名楼的李氏花厅。李氏花厅坐北朝南，背靠群山，左边有一棵千年古樟，见证着祠堂的历史变迁。

清同治八年（1869），一位姓李名承涛的汉人，迫于贫穷或是避乱，从丽水青田历经艰辛来到葳山山阴坞村。李承涛来到葳山，勤俭持家，既垦殖又贩牛。那时恰逢"咸同兵燹"，横村地区人口锐减，荒田很多。李承涛便置地建屋，很快成为葳山一带的大户。在李承涛43岁那年，他娶了一位比他小18岁的汉族姑娘，第二年生下一个儿子，取名李金寿。

李金寿是个戏迷。有一年正月外出看戏，被一些地主、地痞骂"畲客佬来出什么风头"！受到刺激的李金寿，决意在自己村里造一座有戏台的宗厅给那些嘲笑他的人看。于是在他父亲70岁那年，李金寿选址填土，伐木架屋，并请来东阳雕匠。在畲民的齐心帮助下，历时十年，于民国十五年（1926），李金寿为他的李氏家族建了一个李氏宗祠，就是这幢李氏花厅。然而世事变幻，令李金寿意想不到的是，二十几年后"土地改革"时，历史跟他开了一个天大的玩笑，他被划为地主，父亲

辛辛苦苦置下的田地、房屋全被没收，花厅被捣毁，连他的生命也被彻底消灭。

李氏花厅占地290平方米，为砖木结构，三间二进，全屋一览无遗。

花厅一进，进深四柱九檩。明间是戏台，戏台是整座祠堂最吸人眼球的亮点。戏台长7.0米、宽7.0米、高1.6米，台沿雕刻精细，上面有3幅彩画。据村里的退休教师钟樟林老师介绍，那是《封神榜》里的故事。中间的一幅画颇有气势，仔细一数，有19个兵将对阵，舞剑挥戈，旌旗猎猎，衬以山泉林石，场面壮观而生动。戏台边柱上的两只牛腿均为镂空雕刻，画面上山水、人物和桥亭，栩栩如生。令人遗憾的是台上19块天花板于"文化大革命"期间被人为毁坏，仅存空空的框架。据说，原先上面画的是《水浒传》故事。戏台两边的板壁上有12块彩绘画板和8块诗板。画板多为花卉翎毛，上书"君子之风""富贵吉祥""益寿延年"之类的吉庆祝福语。左边诗板上用小篆写着唐朝诗人刘禹锡的《乌衣巷》："朱雀桥边野草花，乌衣巷口夕阳斜。旧时王谢堂前燕，飞入寻常百姓家。"右边诗板用隶书写着唐代诗人韦应物的《滁州西涧》："独怜幽草涧边生，上有黄鹂深树鸣。春潮带雨晚来急，野渡无人舟自横。"整座戏台流淌着浓浓的诗情和画意。

戏台上挂着两副对联，分别是"春享秋祀存周礼，稚硕声歌问鲁伶""笃志行仁神之佑也，诚心积善福乃臻焉"。两副对联从不同角度教导人们为人处世的道理，做人要懂周礼鲁伶，处事要行仁积善。

天井两侧是看楼，楼下是抄手游廊。看楼板壁雕以大朵的梅花造型，吉祥喜庆。天井用大块的青石条铺筑，大气整洁。

二进高出一进0.35米。明间进深有四柱九檩，次间进深有五柱七檩。后双步间置看楼。前檐廊两侧开有边门。如今，两扇边门色泽已黯淡陈旧。

明间正堂上方，悬挂一幅匾额，上书"绳武堂"三字。绳武，出自《诗经·大雅》，意在沿袭周武王之道。正堂下方墙上，是一幅巨大的壁画。画的是龙麒图腾，灵动鲜活，气象非凡。龙麒是畲族的图腾。据说，这种畲族特有的龙麒壁画，在其他畲乡已看不到。让人惋惜的是，墙上的壁画也已开始脱落。壁画里，隐隐约约还能看到当年历史的遗痕："领导我们事业的核心力量是中国共产党""指导我们思想的理论基础是马克思列宁主义"。正堂上方两边，原先是放祖宗牌位的地方，现在则空着。听村主任说，有很长一段时间，这里是村民存放谷种的地方。

二进正堂左边上端，挂着一块匾额，写着"一方善士"四个字，那是乡人对李家为人的赞誉。右边原来也有匾额，"文化大革命"时被弄丢。正堂前方，立着很多木柱子。柱子上，挂着五副对联。分别是：

联一

春祀秋尝遵万古圣贤礼乐，

左昭右穆序一家时代源流。

联二

仁以率亲合溯水源木本，

礼惟教敬毋忘祖德宗功。

联三

水问源头何处发，

木穷根底此中生。

联四

祥呈鹊尾宗族兴，

福照龙门俎豆新。

联五

捍患御灾亦临亦保，

春华秋实成见成功。

这些对联中，"春祀秋尝""左昭右穆"等是周文王时代的宗庙祭祀制度。对联的内容也是讲仁、义、礼、福、祥等儒家思想，体现了人们对美好生活的向往之情。这些对联原本烫金，富丽堂皇，"文化大革命"时遭到破坏。

站在高处看花厅，花厅布局规整，外观虽朴实原始，但内部装饰繁复美丽，非常考究。其木雕无论人物造型还是草木花卉，都采用东阳木雕技艺和汉族传统的历史人物故事，表现出畲族对汉族文化的吸纳。同时，花厅内装饰的彩色绘画，又凸显出李氏对畲族传统民族文化的传承，成为畲乡人的文化标志。

2003年1月，桐庐县人民政府将它公布为第三批文保单位。2008年8月，在莪山畲族乡成立20周年之际，乡政府拨款30万元，对李氏花厅进行维修和环境整治。曾经面容不整的花厅，虽回不到原来的光鲜亮堂，但仍展现了它隐存的风姿和神韵。

魏家祠堂：逃离喧嚣的乡村秘境

毛林芳

暮春时节，从钟山乡的城下村，越往里走，风景越好，特别是到了魏丰村，满眼的新绿渲染着连绵的群山，清澈的溪流从村庄穿过，目之所及皆是风景。

明、清时期，魏丰村称魏家庄，属至德乡。魏家祠堂坐东朝西，灰白的墙面像

魏家祠堂

一幅淡淡的水墨画，六条梓木板制成两扇实木大门，从形制上看原有门额和门楣，门口的门枕石体现明代建筑简洁的风格。门前石阶缝隙里探出青青小草，灰褐色的大门封存着久远的村庄记忆。祠堂建筑形式为双坡硬山顶，檐柱升起使屋瓦面呈现弧形的曲面，遇雨天便于屋面滴水远离墙面，这般设计既保护房脚又兼具美感。高耸的马头墙呈起伏之感，给稳重的祠堂增添了些许动感的韵味。

魏家祠堂既是魏家村鲜活的遗存，又是村庄时间的坐标。祠堂为三间二进一天井结构，第一进为戏台，建于清代，因现存的清代建筑较多，它一进的戏台和梁架，给人熟悉的感觉，少了些许神秘感。第二进始建于明代，梁架中的前双步后五架结构还保留着明显的明代特征。祠堂历史上几经修缮，内部结构已有局部改变，二进后部是增扩出去的一柱一梁，这样的改动，使得二进梁架看起来不大协调，但仍不失古朴稳重之感。

祠堂门窗、廊柱、戏台制作精致，虽已褪去色泽却吸引着你的目光追溯至岁月深处。祠堂前厅的戏台曾是族人对外文化交流和举行大型活动的地方，深红色的帘幕静静低垂，等待着精彩大戏的上演。祠堂后堂则是家族商议大事和慎终追远的所在，两面墙上隐隐有一些绘画，由于年代久远，无法考证具体内容，却让你猜想着在祠堂上演的一幕幕故事，冥冥之中似乎看到魏家的进士先人及一代代族人出现在二面山墙之上。一方天井，连着前厅和后堂，吸收着天地之间的雨露轻岚，一梁一柱间是精美古朴的牛腿，见证着梦幻般的沧桑岁月。祠堂将古老朴素的道德标准化作无声的语言，教诲着一代代的魏家族人。

魏氏先贤曾经出过名人魏新之，宋咸淳七年（1271）进士，曾任鄞府教授。宋亡归隐乡里，以其所得教授于乡间百姓。他有诗云："行歌隐隐前村暖，忽省深山有蕨薇""笛声牛出后，酒味燕来初"，流露出散淡自在的田园生活之趣。据说魏新之极爱家乡的山水风物，当时严州知府喻恒是其好友，因为南宋末年社会动乱，喻恒结束任期，准备返回江西南昌老家，但途中盗匪当道，危机四伏。魏新之劝其留在桐庐，并为他找了一处如魏家村一般"世外桃源"的地方——堠岭（现横村镇后岭村），喻恒从此定居后岭，成为后岭喻姓的始祖。

魏家祠堂再向东有个热门的旅游景点——虎啸峡，游人成群慕名来到山水之间，享受激情四溢的漂流之旅，与山水亲密接触后，特别适合到魏家祠堂看一看，感受一个村庄岁月静好的模样。人间浮华，魏家祠堂便是那个留住你匆匆脚步、远离喧嚣的心灵秘境。

袁氏宗祠：桐江名门望族

许马尔

袁氏宗祠

桐江袁氏宗祠位于江南镇珠山村王家自然村，坐东南朝西北，为三开间，粉墙黛瓦，观音兜山墙，两坡硬山顶，面阔14米，进深28.45米，建筑总面积398.3平方米。宗祠建于清末民国初，近年虽作过一次大修，但基本保留了原貌。2008年1月，被列为桐庐县重点保护古建筑之一。

袁氏宗祠按前厅后堂的规制建造。石框大门，门楣上镌"袁氏宗祠"四个大字。中门两侧各有一扇上部为半圆形的小门。进门便是照壁，人们进出皆走照壁左右两侧。照壁内侧上悬"懿德可风"巨匾一块，"懿德可风"四字为民国大总统徐世昌对珠山袁寿康的褒奖。前厅为三柱九檩，两坡硬山顶，两侧五架梁附前后乳栿。

一进与二进之间为天井，天井长5.10米、宽6.90米，由茶园石铺筑，天井两边有回廊连接一二进，回廊为二柱三檩，两坡硬山顶。

袁氏宗祠的木作雕刻颇有特色，其牛腿、琴枋、斗拱、雀替，无一不是精雕细琢的。雕刻精美的装饰效果，不仅为宗祠的建筑增加了层次感与美感，而且丰富了民俗文化的内涵。袁氏宗祠牛腿等木雕曾在动乱年代遭到过破坏，有的图案已劈削得面目全非，但从中还是能看出演绎为狮子滚绣球、凤戏牡丹、和合二仙、螭龙腾云等寓祥瑞的风俗内容。

比如二进檐柱上的一对狮子，口含彩条滚绣球，威武的身姿，目光炯炯有神，狮尾向上扬，毛发蓬松，栩栩如生，连线条都刻得非常细致。民间俗信"狮"与"事"同音，两狮寓"事事如意"，狮子口含彩条、滚绣球，这是喜事上门的吉兆。故有"狮子滚绣球，好事在后头"之寓意。

雀替是缩短梁枋的净跨度从而增强其耐压力的木构件。额枋，又称檐枋。一进檐枋的雀替刻有"和合二仙"，这是寄托家族和睦的一组木雕件。二进檐枋下的雀替雕刻为螭龙，即无角龙，也叫螭虎。因为"龙"与"隆"谐音，这是用来寄托家族枝繁叶茂、子孙兴隆的美好愿望。

二进中厅，四柱九檩，内金柱间设太师壁，中间明间壁上高悬"袁氏宗祠"匾额一块，两侧次间后壁各悬"千秋昌戴""枝繁叶茂"两块金匾。太师壁后面是不足二米的退堂，两侧有门进入退堂，然后通往三进。

三进为荫堂，即寝殿。寝殿乃是供奉祖先神位的所在，中间开间设有香火堂龛座，龛门布以黄色缎子的幔帐，龛内供奉着祖先的遗像，这也是宗祠最重要的一个部分。三进为二柱五檩，两坡硬山顶，在二进与三进之间，左右两边各有一个小天井。

匾额是古建筑的必然组成部分，相当于古建筑的眼睛。"不见人只见字，便知其人八分。"当我们看到袁氏祠堂匾额上一个个清新飘逸、苍劲有力的字体后，便知珠山袁氏是一个书香门第了。

宗祠门额石上镌刻的"袁氏宗祠"四字，据说由该家族袁昌晋所书。袁昌晋即民间著名剪纸艺术家胡家芝的丈夫。1897年出生于县城书香门第的胡家芝，20岁那一年嫁到珠山村。在珠山生活的36年里，她成了远近闻名的剪纸能手，乡亲们亲切地称她"福星"。丈夫袁昌晋病逝后，她于1952年随大儿子袁振藻迁居南京，并迎来了剪纸创作的一次次高峰。

祠堂内四块金匾皆为袁昌晋、胡家芝的孙子，旅居澳大利亚的书画家袁宇所书。袁宇父亲袁振藻也是一位文化名人，被世人誉为学者型画家，作品曾多次参加国内外大展，并被中国美术馆、江苏美术馆、浙江美术馆等诸多美术馆收藏。

袁氏是魏晋南北朝时期的高门大族，与琅琊王氏、陈郡谢氏、兰陵萧氏并称四大侨姓。珠山袁氏为南朝刘宋宰相袁粲之后，其郡望为"汝阳郡"。有"天下袁氏出太康，汝南袁氏遍天下，袁氏旺郡在彭城之说"。这也就是珠山袁氏现在都认为自己是河南汝南郡人的出处。

桐江袁氏是一个人才辈出的家族，首先不得不说该家族曾出过一位晚清史称"庚子五大臣"之一的袁昶。袁昶（1846—1900），谱名振蟾，字爽秋，号重黎。

清同治二年（1863），袁昶才17岁时父亲就因病去世，当时石阜庄的世交方金琢便把袁昶接到家中并让其在珠山袁氏私塾读书。

袁昶在珠山读了三年私塾之后，又转到清同治四年(1865)倡办的上海龙门书院求学。清同治六年(1867)，他以廪生参加浙江省乡试，中举人。光绪二年(1876)考中进士，授户部主事，充总理各国事务衙门章京。光绪十八年(1892)，以员外郎出任安徽芜湖道，任上五年，政绩称最，当地百姓发出"生我者，袁公也"的慨叹！在安徽芜湖江中书院内，还有皖人专为其建的"生祠"，以纪念袁昶在芜湖道任上给当地百姓惠使善政。光绪二十四年(1898)，奉调入京，授三品京堂衔，在总理各国事务衙门行走。次年出任太常卿，办理外交。袁昶先后在中央和地方为官从政三十余年，始终坚持做到忠心为国，诚心为民，舍己为公，不谋私利，深受士民爱戴。

光绪二十六年(1900)，袁昶因直谏反对用义和团排外而被清廷处死，同时赴刑的还有许景澄、徐用仪等四人。《辛丑条约》签订后，清廷为其平反，谥"忠节"。旧时，杭州西湖孤山南麓有座三忠祠，是浙江人民为纪念因忠耿护国，反对慈禧太后利用义和团围攻外国使馆被冤杀的三位浙江籍京官而专门建造的。这三位京官就是太常卿桐庐人袁昶、吏部侍郎嘉兴人许景澄、兵部尚书海盐人徐用仪。袁昶也是同光体浙派诗人的代表。

袁氏家族在民国初期还出过一位连当时民国大总统徐世昌都夸奖的人，还专门为其颁了个"褒曰"，这个人便是袁寿康，字迪民，号磐谷。袁寿康为清诸生，虽然功名不显，但对经学颇有研究，还是个大孝子。袁寿康善于作文、写诗，作文师法唐朝著名的散文家韩愈，写诗师法诗圣杜甫，所以他的文章、诗歌雄迈而灵气，一生著有《盘谷文存》二卷、《盘谷遗稿》一卷、《盘谷杂录》二卷。

桐江袁氏是桐庐的名门望族，珠山袁氏于清嘉庆间自桐庐坊郭迁到珠山王家后，至晚清和民国时期，珠山袁家在当地就颇具影响。该家族不仅富甲一方，而且皆为书香门第人家。尤其袁氏私塾在清代晚期与民国时期很有名气，不仅培育出了一代名臣袁昶，还培养出了一大批儒商与名家。清代晚期的袁显渠就是其中一位。他不仅在县城开药铺，还是一位名中医，坐堂行医，在十村头里堪称富裕人家。袁显渠不仅培养五个儿子读书成才，还为他们建了敬承、敬吉、敬义三幢画栋雕梁的明堂屋。

慎徽堂：慎徽五典，五典克从

许马尔

慎徽堂

慎徽堂朱氏宗祠位于江南镇徐畈村，为砖木结构徽派古建筑，坐东北朝西南，明堂空阔，粉墙黛瓦，双坡硬山顶，翘首马头墙，三间三进，通面阔14.9米，总进深33.1米，建筑总面积493.19平方米。

慎徽堂初建于明朝万历至天启年间（1615—1625）。由于经历战乱等，慎徽堂

有过多次的颓败，也做过多次重修，而今天我们所见的慎徽堂朱氏宗祠，于2020年清明后经朱氏族人重修后焕然一新。

慎徽堂之"慎徽"，语出自《尚书·虞书·舜典》："慎徽五典，五典克从"，即"舜慎重地赞美父义、母慈、兄友、弟恭、子孝五种常法，人们都能顺从"。

走近慎徽堂，首先映入眼帘的是大门前檐柱上端的横梁、轩梁（游步梁）、额枋、雀替与牛腿等，雕着精美的图案，其流线之美，让人赞叹不已。大门为门楼式，檐柱两侧置有八字墙，门楣上方匾额书有"朱氏宗祠"四个大字。细观慎徽堂的门面，人们不仅可以看到当年民间艺人精湛的雕刻技艺，也可想象朱氏先人当时的富有和地位，当然，还让人了解朱氏祖先当年对后代是如何美好祈愿的。

进入宗祠大门，一进为前厅，中间明厅三柱五檩，两边次间四柱六檩，两坡硬山顶。走过前厅即为矩形天井，天井四周用茶园石铺筑，井池则用拳头大小鹅卵石墁地，并在中间拼出铜钱图案。天井两侧为回廊，二柱三檩，两坡硬山顶。

二进中厅，也称中堂、穿堂，其地面高于一进10厘米左右，厅当中为四柱九檩，次间靠山墙一侧是五柱九檩。金柱间设太师壁，太师壁上方悬挂着黑底匾额，题有"慎徽堂"三个镏金大字。太师壁上悬挂始迁祖朱世贵夫妇画像，紧挨太师壁置有长条案几，还有八仙桌、太师椅、茶几、花架等，其家具皆为鸡翅木高贵木材制成，古色古香。太师壁两侧后面各有一门通往三进，两边次间靠山墙一侧各置有一条板壁弄可连通三进荫堂。

二进右侧一根金柱遗有一条凹陷的裂痕特别醒目，从上面的雀替处开始，像撕去一块"肉"似的一直凹陷至柱脚为止。据说这是1964年9月5日，被一场突如其来的雷雨之闪电所劈，这道闪电还把在祠堂避雨的两个人击倒在地。

穿过中厅即为第三进。三进为寝殿，俗称荫堂。寝殿乃是供奉祖先神位的所在，并列三个开间的香火堂，堂内供奉着祖先的牌位，这也是宗祠最重要的一个部分。寝殿地面比天井高出五档踏步，寝殿当中为三柱五檩，两边次间四柱五檩。天井两侧置有回廊，两坡硬山顶。三进寝殿为这次重修时新建，原来慎徽堂仅为二进建筑，先祖神位立于二进太师壁后退堂处。

慎徽堂的建筑用料粗实考究，梁架规整有矩，粗柱肥梁，而且皆为等截面柱形，柱下配以精美的青石大磉鼓。宗祠屋柱采用抬梁式构架与穿斗式构架两种形式，即中间三柱使用抬梁式构架，而山墙一侧四柱则用穿斗式构架。抬梁式架构中的木梁与穿斗式架构中的穿枋，从形态上看颇为相似，但两者作用不同，因为木梁起承重作用，而穿枋只起到固定作用。在穿斗式木构架上，有不落地的柱子截短骑于穿枋之上，可相对减少立柱的数量，屋面看上去仍是每支柱上架有一檩。

　　慎徽堂由徐畈始迁祖朱世贵初建于明末，朱世贵享年95岁。当年徐畈三元里朱氏家族建造宗祠仅为七户人家，初建的朱氏宗祠规模比较小，后经朱氏家族历代的修缮，改为三间三进中天井建筑。宗祠内装饰主要以各类木雕为主，而别具一格的木雕，是重建新祠堂的一道亮丽风景。其梁枋、雀替、牛腿之雕刻惟妙惟肖，巧夺天工，融古雅、简洁和富丽于一体，十分精美。

　　徐畈朱氏为南宋时期理学家、思想家、哲学家、教育家、诗人朱熹后裔。徐畈朱氏家族尊朱熹为一世祖，当年朱熹三子朱在之孙朱源游至富阳县东山下高家井时，见这儿山明水秀、俗美风淳而构庐隐居。

　　朱熹十五世孙朱世贵，字思轩，为徐畈朱氏始迁祖，他于明隆庆年间（1566—1572）投靠亲戚而迁居桐庐安定乡三元里（今江南徐畈村）。当时徐畈徐氏和申屠氏族人给朱世贵匀了些田地，又在村西面的桑园里开辟出一块地方，使得朱氏在这里建造房屋而繁衍生息。

沈氏厅屋：五马归槽一族兴

皇甫汉昌

沈氏厅屋位于瑶琳镇文源上沈自然村鱼塘口。砖木结构，双坡硬山顶，马头墙。三开间十八柱二十七根衍条，中间八柱均为月梁连接，从简约月梁来看应建于明代。

根据《东阳沈氏宗谱》记载：毕源沈氏始祖万一公，名达，又名道忠，字万厚，号南泉，行万一。宋嘉定十二年（1219）己卯科孝廉，诰封文林郎。

相传万一公"扶父棺来浙"，一路观察地貌风水，辗转择地，至上沈。他见该地山势俊美，数条山垅延伸尽头都向着一处聚拢。小溪中有一自然石坑极像大石槽，视为马槽，将其中五条山垅喻为五匹骏马，并把该地称为五马归槽，认为选择

沈氏厅屋

该地居住，定能物阜民丰。当时正遇下雪天，山野尽是银妆素裹，唯独有一处没被积雪覆盖。沈万一顿觉这是一个风水宝地，因此决定迁居至上沈，并选择在无雪覆盖之地建设住宅，繁衍生息，后成为当地名门旺族。五马投槽从此被叫开了，成为当地百姓引以为豪的吉利象征。

上沈自然村地处桐庐、富阳、临安三地交界的杨梅山脚。迁居以来，沈氏家族繁衍发展很快，生活富庶，因此厅屋建设较多。万一公在村中心首建道忠堂为全族大厅。而后相继建成余庆堂、德善堂。因时过境迁有些厅堂已被毁。我们向当地老人了解，现看到的沈家厅屋，是1916年从胡家坞口整体拆迁过来的。

2009年文源村委主持投入经费进行维修，2020年在厅屋前空地建了戏台与之匹配，作为文化礼堂。

敦和堂：彭城世泽，越国家声

王顺庆

敦和堂

　　敦和堂位于分水镇东溪村前湾自然村，为钱氏宗祠。北宋时，钱镠族人迁到前湾。敦和堂坐南朝北，砖木结构，双坡硬山顶。五开间，前后两进四合式楼房，穿斗抬梁式混合结构。前进明间梁架用三柱七檩，砖砌内八字台门，卷棚顶，次间梁架用五柱七檩，梢间梁架用四柱七檩。天井两侧厢楼，用二柱五檩，单坡硬山顶。后进明间梁架用四柱九檩，次间梁架用五柱九檩。

　　清代咸丰年间，分水许多建筑遭兵燹。为什么此屋幸存？当年洪、杨军看见此屋石门槛既高又大又厚实，青石构建，士兵们顿生怜爱之心，未忍将此屋烧毁。据先辈们说此屋建于明末清初，有传说为证。

　　相传明末清初时，有一个徽州朝奉路过这里，见一户人家的围墙上放着一堆稻草，看来已有好几年了，但稻草在枯萎的外壳下仍生机勃勃。这位朝奉问了主人家，要主人将这捆稻草卖给他。主妇是个能干人，知道此人要买这捆稻草必有缘

故，故推却说此物自家有用的不肯卖，朝奉怏怏不乐地离开。第二年朝奉又来前湾村，见稻草仍在围墙上，时近傍晚，朝奉要求在此屋借宿一夜，主人热情招待。晚上他又提出想买稻草，主人还是不肯卖。朝奉于是对妇人说：离你家不远东面有一口池塘，塘中有只金牛，要某日某时你们把这捆稻草取下来放到那口池塘里去，金牛会来吃的。

钱氏一家人半信半疑，于是按朝奉说的在六月初六日那天取下围墙上这堆稻草，准备把它放到离家约二里地东面那口池塘里去。妇人走到池塘边，天上忽然雷雨大作，妇人赶快丢下稻草跑回家里。约过了一个时辰，雨歇放晴，妇人又跑到池塘边去看，见那捆稻草不在了，就在她丢下稻草不远的地方有一把闪闪发光的犁耙，取来一看是把金耙，于是她异常高兴地把金耙拿回家去。凭借这笔意外得到的巨财，他们家造起了敦和堂。

当然，这肯定是个传说。但敦和堂经过300多年岁月至今仍坐落在前湾村中。

永思堂：永言孝思记祖德

三　山

　　永思堂坐落于彰坞村，是村中徐氏宗祠。

　　江南镇彰坞村坐落于天子岗山麓铜山脚下，有村道与江南公路相连。关于村名由来，有多种说法。一说古时该坞多樟树，故名樟坞，后来因樟树渐少，改名"彰坞"；一说东汉末年孙钟葬母时转道进坞，人于轿中张望而得名；一说此村重仁义道德，村规、村风好，故称"彰义"。现在徐姓是由始祖宏济公于明朝景泰二年（1451）从窄溪前村迁居而来，定居成村。

徐氏宗祠

随着徐氏子嗣繁衍，家族逐渐壮大，但因村中未建祠堂，祭祖仪式只能在小厅堂里举行，遇族中大事，唯有赶到前村总祠去商议决定。这种状态一直维持到清朝初年。家族中有一字辈一清公，对于水源木本之思寤寐不忘，一辈子都在想着要建祠宇，可惜到老未果，最终抱憾而殁。好在他的儿子成圣、成华、云鹤等兄弟，清楚地了解父亲未完成的心愿，于康熙丙辰年（1676）夏建成徐氏宗祠，并于戊午（1678）冬额其祠为"永思堂"，取自《诗·大雅·下武》中"永言孝思，孝思维则"，即寄托孝亲之思。

后来家族越来越大，都环绕祠堂建屋而居，并且祠堂经常作为村民作匠场地，寄藏的农具也充塞了祠堂空间，祠堂失去了往日的清静，也不能满足大家族宗祠的各项功能需要。到民国初年，族中长老聚众商议，决定扩建祠堂。但限于原基周围都已建房，没有拓展空间，于是决定另外择地。在老村前北侧，即现在的位置，新的徐氏宗祠于民国戊辰年（1928）仲夏落成，又经能工巧匠装修二年，终于建成，堂名仍为永思堂。

永思堂主体建筑为砖木三间两厢一轩三厅二天井结构，硬山顶马头墙，鱼鳞小青瓦，三合土地面，进深41米，宽16.2米，主体占地664平方米，加上附建的厨房和洗手间等，总占地超过700平方米。整座建筑坐东朝西，前面还有近300平方米的空

永思堂

地。纵向按八字轩、前厅、中厅、后堂布局。

八字轩是祠堂正面，俗称八字台门，对称布局，有四根方形柱子，有牛腿、托花盘、雕梁等，雕刻精细。原方柱间装有花包护栏，柱顶有画戟图案，为吉祥寓意，现高悬"徐氏宗祠""拔贡"等大匾。地面外沿用青石板铺就，八字立壁各嵌二米多高、一米多宽的茶源石板，制作考究，较一般青砖墙面造价高出许多。几副仿古对联，与另外的对联有所不同。

跨过青石门槛，就走进了前厅。原有一处可搭可卸的戏台。平时拆了台板，可做过道，方便人员进出；演戏时铺上台板，就成了戏台，满足演出需要。在戏台前天井两边有双层看台，用铸铁花板做护栏，用粗大的木料做栏杆扶手。看台上面靠天井的檐下，悬挂着各色功名和贞节匾额。看台共可容纳上百人看戏，一般都是安排老年人和妇女儿童。这样的安排，充分利用有限空间，结构合理，别具一格，有别于周边村落的同类建筑。

前厅和中厅之间，是一个大天井，地面和口沿全用青石板铺装。天井不仅可采光、通风，便于雨水排水，还是整幢建筑内外相通并人天对话的地方。天井上方平檐下高度还配备了遮盖整个天井的"蒙天帐"，以上等帆布精制而成，即使雨雪天气也不影响村民聚会或看戏。这也是与别处不同的地方。

中厅是村内族人议事的主要场所，上堂正中高悬"永思堂"大匾，大屏门上悬挂本村徐氏始祖宏济公夫妇画像；各大柱子上也悬挂思祖敬宗、敦亲睦族的对联，梁枋上则高悬官位功名匾及"铁石坚心""风霜独耐"等贞节匾。中厅上堂两侧有两扇边门，俗称"龙虎门"，通过这里，与后堂相连通。

后堂又称"荫堂""享堂"，是供奉族内祖先和逝者牌位、进行祭祀活动的场所。中间是一个小天井，也用青石板铺地；两侧厢房，用于存放祭品及祭祀者休息；沿青石台阶往上，令人须仰视的，即是神主牌位，按左昭右穆有序排列；柱子楹联内容也是歌颂祖德宗功、告诫后代要子孝孙贤。两侧厢房边各有一扇门，通向两侧的附房，北侧是三间二层厨房，也有小天井。

整座祠堂，共有落地柱子62根；有雕花牛腿18只，大多以《封神榜》内容为主；雕梁、雀替等雕件众多，突出显示了清末民初乡村祠堂的建筑风格，更充分显示了彰义徐氏对乡村文化的传承和弘扬，以及家族强大的凝聚力。

现永思堂门前道地已进行改造，地面也略有抬高，块石铺面，与原风格不同，但融入村景整体规划。

三友堂：再现石阜村的发展历程

李 龙

三友堂

三友堂位于江南镇石阜自然村大礼堂西侧，是石阜方氏一个房头所拥有的公共建筑，坐西朝东，卵石墙，木结构，双坡硬山顶，三间二进单层四合式建筑，占地面积263.4平方米。大门为东向两扇拱形门，但因里面是戏台，所以平时进出都走南侧边门。

据调查，此堂建于民国三十六年（1947），所以建筑风格特别是木作制式及雕刻与清代均有不同，具有较明显的时代特征，可作为清代建筑民国初建筑与此后建筑的分水岭来考量。

此建筑从南墙开门。右边一进三柱七檩，明间建有戏台；二进三柱九檩。戏台两侧及二进两侧建楼式看台，从二进檐墙处楼梯上下；楼下为过道。两侧为二柱三檩、双坡硬山顶过廊。

天井原来用卵石铺筑，生产队时改为三合土地面，天井四周也以混凝土浇筑。两檐下扁作花枋长达8米多，一进枋上为浮雕手法表现双狮戏球，二进枋则开扇形画面，雕书剑图案，枋两端均饰以云纹；枋上垫木做成三面花形，承托檐檩重量。枋

与柱交接处的牛腿已不存，两边梁柱小牛腿雕刻粗犷，唯立面寿桃与石榴的形象清晰可见。而梁枋到天井出檐处均做成简单龙头形状，这或许与建筑时代有关吧。

至于"三友堂"堂名，是否取于"岁寒三友"，不得而知，但即使到现在，如作此解释还是容易被接受的。"岁寒三友"是指松、竹经冬不凋，梅花耐寒开放，取松丑而文、竹瘦而寿、梅寒而秀，是三益友之意，分别象征常青不老、君子之道、冰清玉洁。

但在询问了附近老人后，了解到当年这公共建筑是一房、二房和九房一起建造的，但不知为何，造了一半却无法继续，后来还是四房集资把上进建造完成。其中的原因，现在的人们虽有多种不同说法，却始终无法解释清楚，也没有哪一种说法让大家信服。所以，三友堂这堂名是否源于开始共同建造的三个房头，也不得而知。

不管如何，三友堂作为一处民国时期典型的地方公共建筑，予以修缮保存还是颇有意义的。

幸运的是，当我第二次进入这幢让我无法释怀的房屋时，经一个老人的指点，我有了新的发现。在第一进右侧看台的天井方向有一扇门，那门的遮挡物就是一块牌匾，虽因处于暗处不引人注目，但经指点后还是很明确地看到了"三友堂"三个字。

近年，三友堂经过桐庐县文管委的修缮，拟建成村史馆，内容已基本设计完成。

整个展厅由东侧北门进入，按逆时针方向行进，至东侧南门结束。在北侧墙面前言，交代石阜方氏的入迁经过及"积石成田，垒石成阜"的耕阜文化的形成；第二板块为"史前文明"，以新石器照片、文字、遗址照片等形式，展示石阜境内的赵龙山新石器遗址；第三板块是"方氏入迁"，展示方氏总谱及相关内页照片、村中古旧支系谱、仰卧山照片等内容；第四板块以"迁址下石阜"，重点呈现方氏人物风采，分"方礼荣光"和"群星闪耀"两个部分；第五板块在上堂正中平面展示古村布局，以村规模型方式展示重要节点，并显示三条游览路线；第六板块以图版形式展示村史沿革；第七板块是各种实物展示；第八展区是"今日石阜"主题；最后是后记。

过往的烟尘渐渐淡去，但历史将永被铭记。八百六十年，在宇宙间只是一瞬，然对石阜村而言却是一部厚重的历史。翻开这部历史，艰苦的创业史、英勇的奋斗史、光辉的人文史，让人深思，激人奋进。

诒谷堂：洲上的柯氏宗祠

李 龙

桐君街道梅蓉村的柯氏宗祠，堂号为诒谷堂，村民习惯称之为王家祠堂，可能是其位于梅蓉村王家自然村村中心的缘故，但为什么柯氏宗祠要造在王家村，则没有确切的说法。

柯氏宗祠始建于明代，现建筑重修于清晚期，为柯氏族人所建。1949年后用作公共活动场所和仓库。坐北朝南，占地366平方米。砖木结构，三间三进。双坡硬山顶，置马头屏风墙，八字大门。一进明间进深三柱七檩6米半，前双步置花格平顶檐廊，四柱为方形石柱，步柱间置石槛，槛与屋檩间置通面木排门。天井以石板铺筑，两侧为单坡硬山顶走廊。二进为中堂，明间进深三柱七檩7米余，前后双步内五架。天井以石板铺筑，左右各置一石板围筑的鱼池，两侧设单坡硬山顶厢房。三进为寝宫，高出二进约30厘米，五开间二层，进深三柱五檩5米。整幢建筑保存较好，除大门檐柱用四根石柱外，其余均为木

诒谷堂

柱。斗拱牛腿雕刻精美，并施以彩绘，天井鱼池望柱上雕以石狮。

柯氏宗祠前檐廊的中间两石柱柱础各雕仙鹤祥云图案，牛腿为太师少师和狮子绣球，狮子采用透雕手法，形象生动，雕功精致，连眼睛都深雕，眼珠可能是另行镶嵌的；另两靠墙石檐柱柱础则雕以如意图案；牛腿为双鱼腾跃，富有动感。雀替小巧精致。檐廊制花格，中间花心雕八卦纹，云雾山制作精美。柯氏宗祠匾额为2013年底修缮时新制。

走进祠内，整饬有序，部分木构件已经过整修，天井内石板虽有断裂，但仍完整，"诒谷堂"匾额高挂太师壁上方，壁上对联"尽心尽力未能十分尽职，任劳任怨不敢半点任功"，通俗晓畅，表达族人心性，特别是体现了经办之人的心情。

仰视木雕，大牛腿为抽象盘龙纹、深浮雕人物、深雕凤凰各二，小牛腿为浅浮雕竹节纹。总体概括，无非精美二字。但突然发现，牛腿包封板上图案，除上下堂牛腿的梅兰竹菊外，两侧牛腿似有文字，再仔细看，似乎是满文？如果真是满文，那又是什么意思？因实在不识，只得拍照存疑。

进入三进，最吸引人注意的是那两个天井鱼池，以石柱石栏制成，一者丰富了祠堂内涵，二者符合五行相生之理，三者满足消防之用，可谓匠心独运。而内侧四望柱头上各雕有一石狮，形态各异，形象生动，基本保持了原貌，只在当年被敲掉了部分耳朵。

三进为三间二弄二层式，木雕虽不及前檐廊，但仍颇费工夫，花窗涤环板都施雕刻，牛腿雕"平安富贵"图案，包封板为"光前裕后"等字样。二侧进入神主位处小门还制作了精美的挂落。

总观柯氏宗祠，无论是体制规模，还是木石构件，或是保存维护，在梅蓉各姓氏祠堂中还是比较突出的。这当然得益于柯氏先人的尊祖敬宗的家族伦理，得益于族人齐心协力的家庭团结，也得益于后人无私忘我的精心维护。正如享堂对联所述：心术不可得罪于天地，言行要留好样与儿孙。

章氏宗祠：贤茂村民的精神家园

李世隆

章氏宗祠在江南镇彰坞村贤茂自然村村北，坐东朝西，背靠百箕山，祠前为南北向进出村庄的古道，祠堂名"昼锦堂"。

据村民反映，祠堂始建于清道光年间，距今约200年；于光绪年间重建，也有100多年历史。祠堂占地438平方米，观音兜卵石墙，木结构，双坡硬山顶，三间三进二天井四合式单层建筑。一进四柱九檩，前后双步，内五架梁，前双步间置花格平顶；天井卵石铺筑，两侧为二柱三檩双坡硬山顶走廊。二进四柱九檩，前后双步；二进后小天井，两侧为二柱三檩双坡硬山顶走廊，二廊中各有踏跺一座。三进高出一进近1米，三柱五檩。建筑中柱底石础大而精致，据传为原祠堂之老件，具有较高的艺术欣赏价值和历史意义。

章氏宗祠

祠堂于2013年重修。祠前轩廊高敞，挂楹联一、立旗杆二、悬匾额三。额曰：章氏宗祠、佳旬正清、拔贡。联曰：文章紫殿无双客，富贵皇朝第一家。主牛腿雕刻凤凰牡丹及"太师少师"。左边墙上有仁肇公第三十一代裔孙伟民所撰《章氏

宗祠记》，交代章氏源流，以及始祖仁肇公于周广顺年间自浦城迁居窊石，二十五世孙树侯公于清乾隆年间迁居贤茂，清道光年间雨施公等倡议建祠，近年裔孙伟文书记筹资重修等事项。不一一赘述。

关于昼锦堂之命名，因年代久远，村中《章氏家谱》已佚，无法确知。但北宋至和间(1054—1056)，政治家、词人韩琦回乡任官，曾建昼锦堂，取古人"富贵不返乡，如衣锦夜行"之言，反其意而用之。欧阳修也有《昼锦堂记》指出："仕宦而至将相，富贵而归故乡，此人情之所荣，而今昔之所同也。"韩琦故里相州的百姓以此寄望于韩琦。想来贤茂章氏先贤当年以"昼锦"为堂名，肯定赋予了深意。

堂号虽然是宗法社会的产物，在传统宗法社会中，它对于敦宗睦族、弘扬孝道、启迪后人、催人向上、维护家庭宗族和整个社会的稳定，都具有十分重大的作用。在新时代也仍然有寻根问祖、缅怀先祖、激励后人，加强中华民族的向心力、凝聚力和民族大团结的作用，具有积极意义。

昼锦堂正堂之上，布置规整。上堂高悬金字堂匾，并供奉四位先祖：左侧是窊石始祖仁肇公和刘氏夫人，右侧是贤茂始祖树侯公（1707—1772）和宋氏孺人（1723—1800）。而对联则嵌村名：贤德子孙传尊祖敬宗家风，茂衍门庭承读书积善族本。两边也悬挂"孝发芳型""世仰林泉"匾。另有楹联4副：文章移造化，忠孝作良图；练寓坤德泽及后世典万古，边王有心姻怡乡党俎千秋；立地经天怀鸿志，早乾夕惕兆祥征；渊承渭水河间名望，源起德业经纬高风。其内容从族规家训到章氏先祖功德及章氏源流等不同角度予以宣扬，既歌颂祖宗功德荣耀，体现尊祖敬宗的孝子思想，又追本溯源，体现继往开来之家族理想，对后世子孙进行传统教育，满满的正能量。两边墙壁上，布置了章氏先贤事迹介绍等；上堂两侧还设置了展柜，以书籍展示先人的文学成就。其中清时拔贡章焕如这一人物资料丰富，十分突出。所有这些，都呈现祖先荣耀，以激励后人。

而祠南广场东侧靠山布置长廊，大书"忠孝""廉节"，中间是《章氏家训》。

章氏宗祠在最近一次维修前，也曾作为加工场地而被人为改造，大门也曾封闭而改由南侧边门进出，且堂中部分牛腿也惨遭偷盗。真如《章氏宗祠记》所言。经过此次维修，不仅梁柱墙面等得以修复，还按照片恢复了被盗的牛腿等木构件，增设了牌匾楹联及中堂，真正是焕然一新。并且从祠内和广场边布置可清晰感受到，这里已经是贤茂村民特别是章氏村民的精神家园，正发挥着应有的作用。

六家祠堂：家庙的存在形式

李世隆

　　祠堂是祭祀祖先的场所，作为家族文化的象征，在人们心目中占有极高的地位。而随着家族不断发展壮大，会形成新的分支和新的宗族，往往又会建立新的祠堂，来供奉最亲近的祖先。于是，祠堂按其规模和地位，又有总祠、宗祠、分祠或支祠之分。江南镇彰坞村这"六家祠堂"便是在全村徐氏宗祠永思堂基础上分出来的支祠或称家庙。

　　"六家祠堂"是村民的俗称，因当年由村中徐姓其中一支六户人家共同建造而成名，正式名称是"徐氏家庙"，堂名为"赞绪堂"。祠堂坐东朝西，观音兜卵石墙，木结构，双坡硬山顶，三间三进一层四合式建筑。一进前后双步，四柱九檩，前双步间置卷棚顶；天井用卵石铺筑，两侧为二柱三檩，双坡硬山顶走廊；二进前后双步，四柱九檩；后天井两侧为二柱三檩，双坡硬山顶走廊，天井用卵石铺筑。

六家祠堂

天井中轴线靠三进建有石板踏跺。三进高于二进1.5米，三柱九檩。祠堂一、二进装饰雕刻精美。第三进简洁，除牛腿外无其他雕刻装饰。20世纪80年代末，祠堂一度被用作厂房，特别是办纸袋厂，水泥粉尘厚积在梁枋等木结构上，对建筑造成较大损害。好在现已经过精心

整修，基本还原了原有风貌。

话说徐氏宗祠永思堂于康熙丙辰年（1676）夏建成，本建于现老年协会地块。随着村民日益增多，老祠堂过于狭小，周边又都被村居环绕无法拓展，所以商议迁址，于民国己巳年（1929）开始重建。当选定到现在祠堂位置时，村民中以茂林公为首的六家并不赞同，于是六家便商量选址另建。当永思堂商定待建时，赞绪堂便率先动工了。但毕竟只有六户人家，力量有限，又是匆忙动工，财与物并未完全到位。所以先只是打好四周墙脚，然后把首进和第三进先建了起来，中间一进暂缓。也正因为两头建好中间却空着，因此被别人戏称为"烟刨祠堂"。直到8年后，茂林公做生意赚了钱，独家出资把第二进建了起来，才完全竣工。

从现存建筑也可看出，赞绪堂的首进有梁柱被蚀现象，第三进更是接近倒塌，而中间一进保存最为完好。当然，茂林公为了雪"烟刨祠堂"之讥耻，修建中进的同时，家中康吉堂也在铜钿畈动工，算是彻底挽回了面子。这从堂上主柱联"克宽克仁始祖心源若接，主孝主敬后世志力非常"似乎也可看出端倪。至于建筑雕刻的内容和精美程度，以及楹联的工稳和教育功能，相较于这些故事，似乎已不再重要，读者可以到现场观看，这里不再赘述。

关于堂名来历，说是虽然当时未完全建成，但坚信肯定会有后来人继续此项工程。而从文字学角度，再结合建造情况分析，确实也符合这样的命名原则。

所谓"绪"，《说文》的解释是：绪，丝端也。也就是丝的头，引申为"开端"，如头绪、就绪、绪论、绪言等。继续引申，"未竟之绪"就是前人未完成的事业、功业，陆游《丞相率文武官僚贺寿皇正旦表》有"系唐统，接汉绪"之说；而与本堂名最为接近的是《诗·鲁颂·閟宫》有"缵禹之绪"之言。所以笔者更赞成"前人遗留下来的未竟的事业"的解释。

六家祠堂当年的故事，知道的人越来越少，但作为村中民俗展示馆，位于村中桐山脚大路边，又高踞十多级台阶之上，所以十分引人注目，前来参观者也络绎不绝。作为彰坞民俗展示馆，六家祠堂内部布置全部围绕民俗主题而展开，除了制作、保存、展示彰坞狮毛龙，作为浙江省历史文化村和中国传统村落的彰坞村，在这里展陈"生育""婚俗""殡葬"以及传统农业、传统手工业、传统粮食加工方式、传统建筑、传统价值观和活动等内容。而展示馆匾牌书写者是北雁山人，也即著名演员汤唯的父亲、著名画家汤余铭，这又为"六家祠堂"涨了不少粉。

东边厅：李姓在翔岗建造的第一座祠堂

黄水晶

翔岗李姓是宋朝绍熙年间（1190—1194）从临安新城归德里迁来的，做这迁居大事的是仰巷公。仰巷公他爸本是临安东安县县令，他自己也是朝中的一名小官迪功郎。仰巷公在任期间，来过桐庐翔岗，他看中了这里的一个叫"属几里"的地方，于是他在快退休的时候，就把家迁了过来。

仰巷公在翔岗安居立业后，经过几辈人的勤劳耕作，到了元朝至正年间（1341

东边厅

—1370），翔岗李家已经发展成一个有规模的村子，于是李姓人发动所有族人捐款捐物，齐心合力兴建祠堂——"李家厅"。

李家祠堂地址选择在老街上头的东边头。它的南面是东边弄堂，东边原来是后溪滩，西边是老街。祠堂长29.3米、宽11.8米，总面积345.74平方米。祠堂分三进。八字大门朝街（西），开口4.8米，嵌入2米做门楼，里边石门槛长4米，门槛上是6扇木屏门。八字大门两边，分别缩进40厘米。出面的两根方柱子上，牛腿等雕件很是精美。门梁两边小牛腿，是一对相向的狮子。

翔岗李家祠堂一进进深，三檩，6.35米，双坡硬山顶，马头墙。大门内位置平时作为通道，遇到节日做戏，则关闭大门，里面架设活动戏台，两边侧门打开供人进出。

一进是东边厅保存最好的一部分。柱子横梁都是原来的。天井的两根柱子、石础是方的，柱子上面的牛腿也还是原来的。要说改变，就是南边的那座墙重新砌了一下。

一进与二进之间有个大天井。天井长5.4米、宽3.55米，全由青石板铺就。天井比较深，低于周边一个台阶。天井两边是长3.55米、宽2.8米的过道。东西两面开有两扇边门，北边的门已封死。屋顶为单坡硬山顶。

过天井是二进。二进比一进高一个台阶。这儿进深三檩，6.4米，双坡硬山顶。屏门后置后堂，进深2米。当年屏门上曾悬挂过刘基为村里题写的"凤翔高岗"匾额，令人遗憾的是"文化大革命"中被毁。

二进因为年久失修，朝西边的牛腿等雕刻几乎烂光，大梁上雀替残件模糊。二进后堂，朝东的两支柱子上的牛腿反映的主题是读书做官，保存较好。北侧的牛腿的中心，是夔龙围着一枚官印，下边是两朵花；南边牛腿上，中心位置是夔龙围着两支毛笔，下面是一棵树。

二进设后堂，与三进之间也置有一个天井，只有2米宽，只能算半个，主要用于采光。天井东西边是过道，南北墙上也开有两个边门。如此安排，显然是为了方便。

三进比二进又高一大台

东边厅

阶。三进进深三檩，7.9米，两坡硬山顶。三进分两块，面天井的这边，是供菩萨的地方，称"香火厅"，厅中间上首禅坐着"土地菩萨"与"香火菩萨"。

自从"香火厅"建成以后，每年六月十一至六月十五是轮到旺家弄村"抬老爷"的日子。村民把陈老相公、宋相公、金相公、地相公、土公老爷、龙王老爷、弹子老爷抬接来，鸣锣开道绕村游走一番，然后把这些菩萨抬请于"香火厅"内。这几日厅内人声鼎沸、香烟缭绕，求神拜神的人们络绎不绝，待六月十五一过，又轮到下一个村的村民把这些菩萨老爷抬接了去，这样轮流，历时一个多月。

香火厅靠后墙的一边，则是摆放先祖的灵位牌的去处，称为荫堂。

李家祠堂用的全是木柱子，柱子不见大，雕梁画栋全有，只是简单了些。让人惊讶的是屋顶椽条上面铺着的用以支撑瓦片的被，居然都是薄薄的青砖，足见其讲究。

话说回来，李家祠堂建成以后，村人请曾在这里教过书的刘基来题匾。刘基借机邀请出生于浦阳潜溪的大文学家宋濂先生一块前来，并让他来给新建的祠堂写《凤岗李氏祠堂记》（翔岗又称凤岗），时间是元至正二十年（1360）农历八月中旬。从仰巷公迁来翔岗到李家人建起祠堂，时间已过去170个年头。

李家祠堂是李氏迁来翔岗建造的第一个祠堂，距今已有657年。清同治四年黄钟月，李家厅重修。2016—2017年，村里对东边厅又进行了维修。

翔岗李姓人后来又在街道西边造了更气派的祠堂，叫做"西边厅"。

东边厅是李氏迁居翔岗的历史见证。它于翔岗，意义重大。

附宋濂《凤岗李氏祠堂记》：

古者自王子以之庶人，各有庙所，以报本追源也。立庙之义同，而尊卑贵贱之等昭焉。祠者庙也，纳主于斯，丞祭于斯，先灵涉降于斯。生死幽冥之有别也。自李氏迪功郎由邵武迁桐南之凤岗为第一世祖，溯至十世追载谱牒，并立主于庙，使远者有所考焉。凡春秋祭享，子姓毕集于祠，由堂以至后寝，垣墉屹屹，栋宇巍巍，昭穆分，而东西有序，衣冠聚。而跪拜时，伸俎豆（祭器）千秋（受后人代代供奉）、耕读共安先业；蒸尝（夏冬二祭）万世，清白齐守家风。后之子孙入祠堂也，登斯堂也，瞻仰榱桷（指椽子，常比喻担负重任的人物）而深堂构之思，俯阶徐而动，栖楼（杯圈）之，慕孝思之不匮。庶几有感于斯祠。

裕远堂：光前裕后福泽远

李世隆

　　裕远堂是江南镇彰坞村西庄坞自然村王氏的祠堂，位于自然村村中大路边。裕远堂建于民国十八年（1929），坐西朝东，占地面积318平方米，观音兜屏风墙，卵石墙，木结构，双坡硬山顶，三间二进一天井单层四合式建筑。于2018年维修，部

裕远堂

分梁架被更换整修。祠堂第一进北墙上醒目的《续修官宗祠裕远堂捐款功德碑》，捐款人姓名及金额了然于上。

祠堂一进前双步，后五架梁，三柱七檩；天井石板铺筑，两侧为二柱三檩双坡硬山顶走廊；二进，前后双步，四柱九檩。整个祠堂的主柱均为木质方柱，以双钩法刻有两副对联：

> 堂名昭裕远，郡望著太原。
> 文武忠奸形容虽假，悲欢离合情理若真。

前一联明确告知西庄坞王氏的堂名和郡望，使入祠堂者不忘水木本源之思；后一联则是典型的戏台联，若是旧时即有，则说明祠堂曾作为村中演大戏的场所，其内容说明"人生如戏，戏若人生"，别看台上演的文武忠奸都是由演员假扮的，但人生这出戏的主角是自己，戏的故事情节反映的悲欢离合等情理，就是现实当中的真正生活。这是在告诫人们，通过看戏，我们要演好自己人生这场戏，做好这场戏的主角，而别把人生当儿戏。将谆谆告诫融于戏联，使村民在看戏娱乐过程中接受人生教义，真正地寓教于乐，可谓良苦用心。

根据《桐江王氏宗谱》又名《太原王氏宗谱》记载，彰坞西庄坞王氏系周灵王太子晋王后裔，因败狄有功赐姓王，原居太原，后裔迁居琅琊，徙居河南、武昌、南昌、淮安、金华、山阴（绍兴）、东阳、歙县等地。第五十二世孙王庶仕浙江宣抚使留居富阳华市，王庶之子王之秀由富阳华市迁桐北隐居。第五十五世孙王曾迁居安乐乡龙伏。第五十六世孙王德杨迁居桐南，王富堤迁居水滨乡。第五十七世孙王元四于明万历年间（1573—1619）自七里垅胥口迁居彰坞。因村庄聚落于五聪山脚，地处乌石溪西山坞中，故称西庄坞。自然村80多户，近300人。

这样一个人口不多的小村庄，要建造这样一座祠堂，并非易事，虽然没有相关资料记载，但王氏先辈们硬是克服困难建成了。所以后代保护并整修祠堂，实在是分内之事；而传承先祖的家风家训等优秀传统，更是当年建祠堂的应有之义。

关于裕远堂这个堂名的理解，不妨从"光前裕后"这个成语来理解：光前是光大前业，裕后是遗惠后代，为祖先增光，为后代造福。宋代王应麟《三字经》就有"扬名声，显父母，光于前，裕于后"的内容。明代李贽《答耿司寇书》直接用成语"世人之所以光前裕后者，无时刻而不系念"。所以"裕远"即造福后代久远之意。

在这附近还有一个"旋马山"或"旋网山"的传说，虽名称不同，传说内容也

有出入，在这里不作考证，只一并记录。

说是当年这里有一伙强盗占山为王，强盗头子是个大胡子，吃饭的时候，要用金钩把大胡子撩起来，所以叫"金钩撩胡子"大王。这伙强盗有18匹马，晚上每匹马头上挂两盏灯笼，然后让其奔跑，远远看去蔚为壮观，声势很大，官府都惧其三分。后来在一次打仗过程中，一匹马被人射中了马腿，成了瘸马。

有一次，刘伯温随朱元璋来到彰坞村天子岗山脚，有当地老百姓拦道，说天子岗左侧大坞里那边山上有强人占山为王，经常打家劫舍，骚扰当地百姓。朱元璋一听非常恼火，心想，我都不敢贸然称王，你们几个毛贼倒先称起王来了。他马上下令大军，把那山围得铁桶一般。

朱元璋站山脚往山上望，只见山腰里尘埃滚滚，战旗飘飘；可听到战马嘶鸣，好像有千军万马在操练。看到这样的声势，朱元璋一时不敢贸然进攻。而站在一边的刘伯温，始终在仔细观察和思考。看到这个情形后，忽然哈哈笑起来："主公，山上跑的只不过是十八匹拖着毛竹的马，擒获这伙草寇易如反掌。"

"为什么这么肯定？怎见得呢？"朱元璋问。

"喏，你数着，那马蹄声每数到十七，就有一匹瘸马经过，这说明他们是在山腰里旋着圆圈跑呢。再说十八匹马也跑不出那尘土飞扬的气势，那滚滚烟尘，是那毛竹扬出来的。"刘伯温肯定地答道。

事实果真如此。这批强盗被剿灭后，部分强盗逃到太湖一带继续作恶。不过天子岗倒是从此太平了。不过至今，那山所在的山湾还叫"强盗湾"。而那山的山腰里，还真有条环形的山路呢。

而据西庄坞村民王瑞松介绍，当年西庄坞村阿太因为看中了"旋网山"上"鲫鱼出逃"的风水宝地而做阴宅，所以后代中出过一个武将猛夫。从"鲫鱼出逃"这风水宝地的名称来看，"旋网山"的名称也是有道理的。

庆锡堂：庆而有赐荫明堂

李世隆

庆锡堂

庆锡堂是江南镇徐畈村明堂里申屠氏宗祠，位于应家溪边深澳至环溪公路旁，是一幢三间二弄三进二天井单层建筑，坐北朝南，木石结构，双坡硬山顶。门开三扇，分别在南立面正中和两梢间位置，均有石立壁。正大门额书"申屠氏宗祠"，原为墙上墨书，后修缮时增加石额并双钩刻祠名；两边门上部为圆拱形。加上白墙黛瓦，整体观感简洁而厚重。祠堂前有大路和广场，再前为煤井改建的大池塘，明堂开阔，真正符合"明堂里"这一自然村的名字。

徐畈村申屠氏由桐南荻浦申屠氏家族第十二代裔孙申屠仲泓于明景泰年间（1450—1456）婚赘徐家畈明堂里。申屠仲泓，字宗海，号肯堂。申屠氏到明堂里后迅速发展，并不断向外迁徙。明堂第九世孙申屠启玉迁富阳龙门降桥头，第十一世孙申屠宗理迁在坊（桐君街道），第十三世孙申屠振坚出继环溪、申屠振宗迁西山湾，第十四世孙申屠培霆迁石泉庄，第十五世孙申屠文理迁青源，第十七世孙申屠阿娜出继李家湾，第十八世孙申屠永海出继环溪……现明堂申屠氏后裔居住分布

桐庐古建筑文化基因解码

在江南镇徐畈、青源、环溪、五联、石泉，富春江镇俞赵，以及分水镇和桐君街道等地，明堂里也成为申屠氏的重要发源地了。

21世纪初，欣逢盛世，顺应潮流，申屠祖青、申屠增源等主持修纂《桐南明堂申屠氏宗谱》，庆锡堂的修缮工作也同步进行。村民踊跃捐款，资金充裕。然而基础设施的硬件建设很容易到位，文化布置却遇到了难题。正如申屠祖青在微博里所说："庆锡堂在'文化大革命'时期遭受破坏后，堂内许多匾额、诗词、楹联等内容已不复存在。2006年对祠堂的修缮，也没有注意增加这块内容。所以，祠堂尽管修得仿古而到位，但是里面可以由两人环抱的柱子上依然光秃秃的，体现不出它的文化内涵来。此次续谱，新增文集里面将增加图文集，内容就包括诗词楹联。之前我们翻阅了大量文献资料以查找庆锡堂原本的楹联而无果……"好在族人有较强的文化意识，马上寻求县诗词楹联学会和相关部门的支持，文字起草工作落到了我的肩上。在深入了解申屠氏家族发展史和明堂里地理位置的基础上，匾额和楹联的内容很快便成形了。在此不辞卑陋，书录如下：

匾额：望隆德重、共溯本源、硕德耆年、善垂家教、忠孝观乐。对联：继祖先伦序德昭闾里，开今世洪流泽裕后昆。庆往日琴弦唱和，锡而今俎豆馨香。诗书执礼承其祖德，孝悌力田焕阙人文。源于夏岳千年宗祖声名显赫，望出屠原百世儿孙福祉绵长。毓秀名区聚千年德泽，钟灵胜地收万里芳华。拥天子岗晨风暮霭，倚富春江秀水明川。

然后，在县政协教文卫体委周保尔主任带领下，县书协、美协、诗联会的骨干们到庆锡堂进行了一次创作笔会。相关博文如是说："一幅幅字画不断完美地展现在大家面前……此次笔会，不仅是送文化下乡的一次活动，更是我们申屠氏宗祠修缮、续修家谱、保护明清古建筑、继承传统文化活动中浓墨重彩的一笔。"

兴之所至，我又受邀写了《桐南明堂里庆锡堂记》一文：

《礼记·中庸》云：仁者人也，亲亲为大。今徐畈申屠氏宗祠庆锡堂修缮告竣，暨族谱圆成，申屠祖青嘱予为记。予以为，修祠续谱，是以长幼有序，昭穆井然。究申屠之渊源，炎帝之裔孙，西河为之郡望。封申侯于屠原，拥宜白为平王。以屠山为祖居，自获浦而明堂。右有鸡峰纳福，左有狮岭迎祥。前揽青屏之碧源，背靠富春之清江。可承钓鱼台严光之高风，亦仰天子岗孙君之雅望。想昔日祠宇巍峨，祖德宗功悠远；愿而今祠牒绚丽，世谊福泽绵长。噫！斯是盛世，惟子流芳。

时过十多年，现在再次走进庆锡堂，那种创作时的激情犹在胸中翻腾。当年誊于柱上的楹联，已全部制作成抱联悬挂，庆锡堂大匾更是熠熠生辉。整个祠堂内干净整洁，上堂祖宗像慈祥而威严，三合土地面、鹅卵石铺成的天井、天井两侧墙面

的功德榜及二楼看台，以及享堂之香炉和祭台等，无不洁而有序，使人起水木之思而崇先祖之德。

忽然想起当年我还曾写过明堂里村景诗，事关庆锡堂选址及福荫下申屠氏之生活，也录于后：

天子风云

几代诸侯接汉唐，万山势拔拜羲皇。

千年白鹤冲天去，百世金龙就地藏。

福荫申屠源荻浦，派生庆锡号明堂。

风云际会春秋度，永记吾乡天子岗。

鸡峰雪霁

山似霞妆石似皴，半存虚幻半存真。

晨风拭拂晓鸡唱，暮霭迷茫宿酒醇。

漫道玉鳖掩地理，恰如朱笔点天文。

金鸡峰上三冬雪，兆得春来万象新。

东溪唱晚

富桐之界明堂东，源远流长映碧空。

微动锦鳞呷新月，漫舒渔曲唱晚风。

柳枝疏淡烟霞客，舟楫横斜垂钓翁。

最是江南佳山水，全添此处画图中。

下轮月色

绿涛源自下轮坞，寂寞山间韵味舒。

频送晚风翻翠色，闲催新月醉青湖。

萦萦一脉银筝线，荡荡千年碧绿珠。

妙手丹青谁落笔？天工神斧入春图。

潘畈春歌

潘畈阳春四月天，滔滔麦浪庆丰年。

流萤影里摘花戴，布谷声中衔草眠。

月出清晖且放水，日收红晕喜耕田。

稚儿送水田塍上，逮住金龟牛线牵。

寺庙梵音

桐庐古建筑文化基因解码

洛村庙：泽被余杭的洛村老爷行祠

李　龙

　　洛村庙又称古陈侯公庙，位于江南镇珠山村东七常线边董坞里村，是为纪念三国时陈恽而建。

　　陈恽，字子厚，封余杭侯。旧时编修的《桐庐县志》，对这位名臣及其惠民功绩，均有记载。清朝康熙二十二年（1683）编修的《桐庐县志·乡贤祠》载："陈恽，水利惠民，神功悠久，入乡贤祠。"乾隆三十一年（1766）编修的

洛村庙

《桐庐县志·人物名臣》载："三国吴，陈恽字子厚，富阳侯硕之子，仕至黄门侍郎、征虏将军，封余杭侯。有仙术，能兴水工，尝于余杭一夕筑九里塘，不假人力。今南北乡有陈侯公庙，即恽也。"这是当时修志者根据《一统志》作的记载。民国十五年（1926）编修的《桐庐县志·人物卷》中，对陈恽的生平事迹，皆抄录自"乾隆县志"。在《桐庐县志·庙祀志》中，还增记了"陈侯公庙，又名洛村庙，在定安乡（今江南镇）五聪山北。相传神名恽，本邑人，东汉时尝为余杭令，有仙术，能役使鬼神，既殁为神。南朝陈天嘉二年（561）祀以太牢，赐庙额。至今邑人甚敬之，水旱疾病必往祈祷"。

上述这些关于陈恽的记载，虽略有出入，但基本信息一致，可惜至今未搜集到陈恽任黄门侍郎、征虏将军、余杭令时的有关历史事迹和活动资料。好在申屠丹荣于《余杭县志》中发现了陈恽在余杭治水惠民的功绩：

东汉熹平元年（172），陈恽任余杭令。时县内苕溪承天目山系之水，奔涌直下，水势甚猛，溪狭不能容，常泛滥成灾，甚至一年数次，淹没田庐，危及邻县。陈恽上任余杭后，怀着为民解忧之心，亲自察看地形，发民十万，于县城西南筑塘围湖，分流苕溪水势。湖分上下，沿溪为上南湖，塘高一丈五尺，周围三十二里；依山者为下南湖，塘高一丈四尺，环山十四里，湖面六千余亩，统称为南湖。在湖面西北凿石门涵，导溪流入湖；湖东南建泄水坝，使水安徐而出。沿溪增置隧门水闸数十处，旱涝蓄泄，益田千余顷。至今杭嘉湖一带仍受其利。县人称陈恽此举为"百世不易，泽垂永远"。陈恽在任内，还将余杭县城从溪南迁至溪北，筑城浚壕，卫民固围。熹平四年（175），又于余杭城南建兴隆桥，横跨苕溪，以便行旅，于是城南逐步成为商贸之地。时人为感恩这位好县令，便在南湖塘建祠以祀。

陈恽在乡人口中一般被称为"洛村太公"或"洛村老爷"。沿七常线从小潘岭西行三四百米，有村名董坞里，远远就看到路南有一黄墙建筑，后墙上大书"南无阿弥陀佛"。屋后角一株古樟，偃斜在高阜之上，像是在迎接前去瞻仰陈侯的人。从樟树下过去，便转到了建筑正前。那是一座坐北朝南六开间单进建筑。西边一间为新建辅房，东侧两间为观音堂和地藏王殿。再东边是新建西向三间二层民居建筑。中间的三间是这里的主体建筑——陈侯公庙。

大雄宝殿是三间两进一天井结构，由释智光住持于2006年完成。大门前做门檐，门上悬"佛法无边"匾额，檐柱及门侧分别有对联，奉劝世人要行善积德，信从佛教。

大殿一进为天王殿，中间供奉弥勒和韦驮，两边为四大天王。韦驮前又奉了较小的福禄寿三星：寿星代表高寿，左手持杖，右手捧寿桃；福星代表福气与财运，

桐庐古建筑文化基因解码

峨冠博带，古代官员造型；禄星手抱孩儿，有赐子赐福之意。这里，佛道又融为一家了。

上进为正殿，中间供高大的释迦牟尼；前面为较小的西方三圣：阿弥陀佛、大势至菩萨、观世音菩萨。阿弥陀佛代表无量光明，无量的寿命，无量的功德；观音菩萨代表宇宙的大慈悲；大势至菩萨代表喜舍。左右后面是文殊菩萨和普贤菩萨，侍释迦牟尼合称为"华严三圣"。分列两边的，是十八罗汉。大雄宝殿东侧是观音殿和地藏殿，观音殿正中供奉千手千眼观音，左右分别是杨枝观音和送子观音；对面地藏殿供地藏菩萨和往生牌位。

大雄宝殿西侧是洛村庙，为三间两进一天井传统式建筑，门前有宽敞的走廊，上覆廊檐；廊檐内悬挂"洛村庙"匾额，门上悬挂"古陈侯公庙"，边有小字：洛村行祠。想来陈侯公庙绝不只此一处，洛村只是其一行祠而已。进门后一进敞亮，天井中有香炉亭；现火烛不进庙，香炉只保留原样。二进上檐高挂"神目如电"匾，洛村老爷端坐于上堂神龛中，神龛上方又挂"为物不二"匾，黄色幔帐增添了几分神秘感和威仪，富丽堂皇的供桌上有供品和签筒；两边侍立着文武判官。

后经查找，桐庐县仅江南供奉陈恽老太公的，除董坞里"洛村庙"陈侯公庙外，还有埂龙庙和黄山（横山埠）太平灵卫王庙。因为后唐长兴二年（931）封陈恽太平灵卫王，所以俗称"陈明大王"，水旱疾疫必祷，十分灵验。从中可看出陈恽老太公在江南人心目中的神力和地位。

水口寺：护村安民话水口

李 龙

　　水口寺，位于江南镇环溪村北，原名水口庵。始建于何时，已无可确考。有说是建于清嘉庆年间，距今200多年。然查找史料发现，乾隆二十一年（1756）编修的《桐庐县志》未列其名，而民国年间的《桐庐县志》则明确列入："水口庵，在环溪庄后两水环合之处。"但是，民国县志"环溪桥"条目："环溪桥，在环溪水口庵前，一名安澜桥，一名鼍桥。清康熙二十一年周希虞建。光绪十七年周宝伦、周庠集资重建。"从中我们是否可以推测，水口庵的建造时间在建桥之前？那么水口寺（当时名叫水口庵）则建于康熙二十一年（1682）以前，则已有340多年历史。

　　至于"水口"这一名字，应该是因为位于环溪村水口关锁位置而得名，是祈求保佑一村平安之意。

　　水口寺在村民口中原称大庙，里面有四方石柱，主要供奉关公，香火极旺。后因历史问题，逐渐衰落。20世纪90年代初期，当地信徒建造小庙，加塑了释迦牟尼

水口寺

佛、观音等像。1992年，在桐庐县佛教协会坚持下，水口庵改名水口寺，真正转化为以佛教为主的场所。释尊像成，请得莲誓法师前来开光。法师见此地山明水秀，民风淳朴，香火旺盛，印象深刻。后来，莲愿法师又通过师兄莲誓，了解了水口寺的基本情况，这也为2004年莲愿法师住持水口寺留下了因缘伏笔。

现水口寺经过多次改建，建筑面积从200平方米已经扩大到近2000平方米，面貌也焕然一新。

大雄宝殿在正中巍然屹立，释迦牟尼佛法庄严，宫灯长明，近侍左右的是阿难和迦叶，两边是文殊菩萨和普贤菩萨，分别代表智慧和愿力；两侧是十八罗汉。西侧后殿三间为观音殿，供千手千眼观音和送子观音、紫竹观音。观音殿左前侧有平安钟。观音殿前关公殿后侧供五路财神。二楼药师殿供药师佛，可消灾免难，保一生平安；左右日、月二神侍立。地藏殿供地藏王及往生莲位。千佛殿供一千尊莲师像，此佛殿殊胜无比……三楼西方殿有五开间，供奉西方三圣，可用来做大型法会。寺内有佛教大乘法宝及乾隆大藏经一套，有大方广佛法严经20套，有四圣六凡水陆画一套73幅……在美丽乡村建设过程中，寺后建了周敦颐公园和牌坊，成了清莲环溪的游览起点。水口寺不仅仅是佛教场所，吸引众多善男信女参拜祈福，更是美丽乡村的重要组成部分，还增添了厚重的文化积淀和历史渊源。

水口寺在传播佛教的同时，仍然保留原供奉的关公，西侧前殿即原水口庵位置，在原地原座按原规模建了水口禅寺，前殿供顶天立地关公圣像，且比以前更加金碧辉煌：只见关公红脸凤目，美髯飘胸，手捧《春秋》，端庄神勇，左右周仓和关平相侍。

因此，从水口庵到水口寺，名称略有变化，但其对关公的重视始终没变，那是以儒家文化为核心的信仰典范，不仅为掌权者所一致推崇，为民众所普遍接受，也为佛、道两教所始终弘扬。无怪乎清人赵翼会惊叹："今且南极岭表，北极寒垣，凡妇女儿童，无不震其（关公）威灵者。香火之盛，将与天地同不朽。"

看着布满墙壁并仍不断延伸的乐助功德碑，听双溪水流在双桥下潺潺流淌、两樟披风婆娑，想着风荷十里、莲香千年，以及这里的住持方丈莲愿法师已经荣升为县佛教协会会长、县政协委员，水口寺的声名早已远播，环溪村的美丽乡村建设更是闻名遐迩，成为最美桐庐的有力注脚。那么，水口寺就是清莲环溪的一颗闪亮的明珠，与那里的双溪、双桥、双樟等共同构成了一幅至美的图画，使环溪的清莲之风在诗情画意之外，更多了一份佛缘、几分禅意。

芦茨寺：菩萨的今古传奇

李 龙

芦茨寺即原陈孚佑侯祠，也称"孚佑侯庙"，俗称"陈老相公庙"或"芦茨庙"，原在富春江镇芦茨村庙山（今龙门湾中孤屿）。初建于唐，祀隋朝大司徒陈杲仁。富春江水电站建成后，庙淹于水。1989年，芦茨村集资76万元，于大小塘坞山中建成新庙，为芦茨孚佑侯祠。祠有前后大殿、斋堂、辅房等，面积661平方米。2007年因朝拜者焚香失火，庙被烧毁。2010年，又投资在原址重新建造。

孚佑侯庙昔日香火之盛，居桐江各庙之首。

出大峡山隧道，沿左侧石阶拾级而上，有一空旷平地，绿树掩映中有一座一带黄墙飞檐翘角的雄伟建筑，高高耸立于数十级台阶之上，它就是芦茨寺。

芦茨寺所处地形大势极为奇特：背靠大山，两翼稍低层峦护卫，形成双龙迂回环抱之势；寺前有一座圆形山丘，恰似一个绣球，共同构成"双龙戏球"格局。

芦茨寺依据地势分上下两级，主要由六座建筑组成。正门大殿为天王殿，门前楹联"肚大能容天下事，笑颜常怀欢喜心"，当是弥勒佛的传神写照。大殿正中供奉一尊镀金弥勒佛塑像，两侧分立四大天王，弥勒佛像后面是韦驮菩萨。天王殿左侧是念佛堂，虽然朴素，却宽敞而清净。

出正殿后门，是一座台阶，设计颇为别致。正对着的是台阶之上的大雄宝殿，"伟日高悬光明界，法轮大转利寰宇"的对联，颂扬佛祖释迦牟尼的无边法力和功德。释尊像端坐其中，两边是姿态各异的十八罗汉。大雄宝殿左侧是圆通宝殿，供奉千手千眼四面观世音菩萨像；两侧是三十二应身观音菩萨塑像及代表智慧和真理的文殊和普贤菩萨；后面则是净瓶观音形象，慈眉善目，一手托拿着玉瓶仙水，一手轻拂柳枝，向人间普洒甘露。菩萨的两边则侍立着善财和龙女。

大雄宝殿右侧便是孚佑侯陈公寺，建筑略显简单，但内饰金碧辉煌，明黄色垂幔中端坐着穿着官服的红脸陈杲仁老相公塑像，还有他的舅舅和外甥作陪。门面的楹联"富春山水甲天下，陈公福泽连九州"，以及横幅"热烈庆祝陈孚佑侯诞生一千四百七十年成道一千三百九十八年法会圆满成功"，则不难看出这里的热闹和香火之盛。

孚佑侯，又称陈老相公、芦茨菩萨，俗名陈杲仁，晋陵（今江苏常州）人。陈杲仁出生于动荡的梁朝。在那个豪杰并起、兵荒马乱的年代，志向高远的陈杲仁为求功名而从军，为朝廷屡建奇功。梁朝灭亡后，陈杲仁为隋文帝镇守海疆，因为破海盗有功，官职一再跃升，一直当到大司徒。隋大业中（609—617），楼世幹啸聚东阳江（今金华、兰溪、建德、桐庐一带）。陈杲仁奉旨率精悍兵将，离洛阳渡河南下，调集浙地军队讨平，活捉了楼世幹，八万多乱匪全部伏法。从此，浙西一带得以安定。然而，隋炀帝杨广昏庸腐败，已被大臣宇文化及发动政变谋杀。远在浙江的陈大司徒就率中土部众隐居于桐庐与浦江交界处的芦茨山中，以开荒屯田、砍柴烧炭谋生。据当地老一辈人说，现今芦茨一带耕种的老田，有好多是陈大司徒和他的部众开垦出来的。

芦茨寺

　　传说这位陈大司徒烧木炭的技术特高，烧的木炭质优量多，当地村民视其为烧炭的"神仙"，都来向他学习求教。由此，芦茨源的优质木炭产量骤增，销路甚好。山农的收入好于周边乡村，原来隐僻的山村便日益兴旺发达。因芦茨处于三县交界处和富春江边埠头，这样具有特殊交通优势，又是山高林密路险的地理位置，钱塘江、新安江、兰溪江等上下往返富春江的商船很多，芦茨湾和七里泷峡谷一带，强盗出没抢劫财物、杀伤行人的事屡有发生。自陈杲仁和他的士兵驻芦茨源后，慑于他的威名，强盗在此抢劫过往船只的事大为减少，所以芦茨源的老百姓和经过三江的船只商人都衷心感激他，把他视为神。不幸的是，这位深受大众爱戴的陈大司徒，却因热窑突然坍塌而不幸殒没。

　　至唐朝中期，芦茨当地人因为感念陈杲仁的功德，在芦茨源口建立了陈老相公庙。后来兰溪等地也相继仿效建庙祭祀。仅桐庐南北乡就有12座陈老相公庙。唐宋年间，朝廷为鼓励志士仁人建功立德，对庙神陈杲仁进行了多次加封：唐乾符三年（876）封为忠烈公，宋宣和三年（1211）赐庙额"忠佑"，宋嘉泰年间（1201—1204）加封为孚佑真君。最后一次加封即今所称的孚佑侯庙名的来历。

　　随着对庙神陈杲仁加封越多、封位越高，远近百姓到庙祭祀朝拜者也越来越多。农历五月中旬祭祀活动尤为热闹；而过年时，都要举行规模盛大的请菩萨出位的"抬芦茨菩萨"活动，县城及各地社会各界纷纷捐款演戏，称"芦茨戏"，"士女之瞻拜神像者相望于道，举邑若狂"已成习惯。

　　桐庐名人臧承宣《芦茨陈孚佑侯庙碑》认为："以劳定国则祀之，以死勤事则祀之，能御大灾则祀之，能捍大患则祀之，是知古圣王之制。"因为历史上那些为国为民立功立德的人，老百姓都尊崇他们，把他们当神一样供奉。

阜成庙：桐庐现存最早家庙

李 龙

阜成庙位于江南镇石阜村窄石公路北侧，石阜村中大澳出村口。现庙已经修葺一新，于2017年农历二月廿一重新对外开放。

阜成庙主体建筑坐北朝南，八字台门，观音兜硬山顶，砖木结构，三间三进二厢房，总占地面积876平方米。一进前双步置花格平顶门廊，牛腿保存完好。明间原为固定戏台，戏台上方为穹窿顶（俗称鸡笼顶），做工相当考究，可惜已毁。现已改为硬山屋顶，戏台也已经拆除。二进为大堂，四柱九檩，以前演戏时摆放民众看戏座位，平时专供节庆用品或主要用于香客祭拜及做佛事，现在新供了弥勒佛和韦驮像，于2018年5月1日开光；两侧也有新塑四大天王，建成天王殿。三进为神堂，四柱九檩，专供土地老爷。早时候左有大钟，右有大鼓，前有值日功曹；稍后左文判、右武判；两边为皂班，每边四个。每年正月十一迎灯，要请土地老爷出位，抬着周游全村，以保全村平安丰收；正月十五这里都要挂灯上供，进行祭祀活动，村民上供的猪头全羊等从三进供桌一直摆放到门口。每年八月初一为全村时节，土地老爷享受供品；同时

阜成庙

阜成庙

村中20和30岁组织演出同年戏，以示成年同庆。现在神堂上位正中供奉坐于轿厢中的甘泉明王，可抬着出位；两边是土地公公和土地婆婆，慈眉善目，神态安详；稍前左右分别是文武判官，一文一武，一俊一丑，对比鲜明；再就是一尊也可以抬着出位的菩萨了；两侧是十八罗汉，形态各异。2021年又新增了两尊高大的观音像，立于神龛中，送子观音和洒水观音各一。天井里是一座高大的香亭。第三进与天井间新建一影壁，可能是为了区别佛道双方道场，各自设置一相对独立的空间吧。

阜成庙东边后部是关帝殿，于1997年修复，坐北朝南，三间一进，四柱九檩，塑有关公像，左关平、右周仓；前殿则是文昌殿，为读书人敬仰之处。

阜成庙对村中的作用来说比较特殊。它开始时为土地庙，以供奉土地神为主；位置正好位于村北长埂中段、村中大澳出口处，所以从石阜村整体布局来看，这里是全村水口位置，为一村风水之关锁，承载着村落布局中藏风纳气的风水位，具有保护财气不外泄及人丁兴旺的作用，地理位置相当重要。

阜成庙原名甘泉明王庙，据乾隆年间《桐庐县志》载，系石阜土谷祠，用以纪念建村的祖先，实际上是家庙性质，是方氏族人于清道光年间建成的。也就是说，这里曾经是供奉方氏祖先的地方，是家庙，不同于一般的寺庙。

阜成庙是桐庐县目前规模最大、保存最为完整的原始宗教庙宇建筑，对研究江南镇这一带宗教类建筑的构造有一定的参考价值。

从阜成庙建筑的细节处，至今我们仍能看出当年建造的精致，如柱下石磉。阜成庙里的石磉，位于天井上下及神堂主要位置的，都雕刻了不同的图案，有蝙蝠、麒麟、鹿、鹤等吉祥动物，也有宝剑、莲花、花篮、横笛等暗八仙图案……雕刻都十分精美。这些图案，虽经岁月侵蚀而略有剥落，但并不影响审美，还平添了历史的厚重感。同时，阜成庙的石磉采用了方形，不同于一般的圆形。这或许是一种偶然，但也可能当年设计的时候就深含寓意：方氏姓方，不忘祖源；为人方正，不谀不媚……

郭侯王庙：一座庙宇的前世今生

李 龙

郭侯王庙位于桐君街道梅蓉村王家自然村，由梅蓉邻近六村村民共建，供奉唐代良将郭子仪夫妇，以及张巡和许远。始建年代无从考证，清咸丰四年(1854)曾重修，清光绪三十一年(1905)乡人孙云章、孙桂林等募捐又一次重修；1927年又修；1943年在庙内开设学堂；1949年后作为学校；1965年学校迁出，庙貌空旷，年久失修，几近倒塌；2002年在村老年会倡议下村民助资维修，是年4月28日动工至9月竣工。大庙恢复一新，庙内设"永馨碑"纪念。2014年又修，并于庙前建牌坊一座，使整个郭侯王庙更加庄严肃穆。

郭侯王庙整幢建筑坐北朝南，占地面积493平方米。砖木结构，三间三进，双坡硬山顶，观音兜屏风墙。庙门正额上题"郭侯王庙"四个大字，是桐庐县书法名家胡泰法笔迹，书法雄壮，神采飞扬。

郭侯王庙

一进明间进深三柱九檩，明间五架设戏台，戏台上方为双坡彩绘木板顶。两次间设进深5.2米厢楼，主要用于演戏时化妆；厢楼下为通道。天井以石板铺筑。二进为正殿，明间进深四柱七檩，9.1米，两坡硬山顶。三进为寝宫，明间进深三柱五檩。后天井明间置一石雕供桌，长2.29米、宽0.92米、高1.19米。供桌正面雕刻双龙戏珠图案，两侧雕刻凤凰、麒麟图案，栩栩如生；另镌刻年月及捐助者名单。供桌两侧为二个小天井，置两个以石板围筑的长2.67米、宽1.30米、高0.62米的鱼池，望柱柱头饰狮子纹。

庙内立柱采用方形石柱和圆木柱，一进为木柱，戏台前柱为石柱，二、三进均采用方石柱。梁架厚实，斗栱、牛腿、梁枋等雕刻精美，施以彩绘。现神像郭子仪奉为当地的土地公，配有各自然村供奉的"老相公""金相公""戚相公""王帅公"等十二尊菩萨，另设有文判、武判，两侧塑有小鬼八尊。1955年以前，庙内香火兴盛，每逢正月半、八月十八（梅蓉村时节），人们杀猪、宰羊，抬供品到庙内供奉香火，连演三日三夜庙戏，这里是村中最重要也是最热闹的场所。

那么为什么供奉郭侯王郭子仪呢？翻找桐庐历史发现，郭侯王庙在梅蓉对岸的舒湾庄也有，并明确记载：于清嘉庆间重修，光绪二十七年圮于水；光绪三十一年孙云章、孙桂林、舒寿松等募资重修。另一处则在后坞庄。另外，梅蓉曾有郭姓人居住，虽然与现在村中的郭姓居户在近几代并不同宗，但当年郭氏在梅蓉也是大姓。

据《分阳尧川郭氏宗谱》（又名《分阳郭氏宗谱》）记载，唐朝汾阳王郭子仪第八子郭映后裔，自宋熙宁年间（1068—1077）从南京赴睦州仕宦，其家族择居于桐庐尧山，明时迁居分水天英（龙川坊）郭家村，清时其裔孙迁居分水里邵村，其后裔居住分布地包括桐君街道。又据《分阳郭氏宗谱》（又名《郭家郭氏宗谱》）载，分阳郭氏家族自宋理宗绍定年间（1228—1233）从江西抚州宜黄迁徙分水柳柏乡秀峰之西隅（今桐庐百江东辉郭村），郭氏家族后裔居住分布也包括桐君街道。可惜梅蓉的郭氏家谱未曾得见，不然或许从那里可以找到一些可资推断的证据。

另外，桐庐地方上的被供奉者，并不一定是自己的祖先，也并非一定是当地的达官贵人，而是为民做实事对老百姓有贡献从而得到人们普遍尊敬的人，即便没有在当地做好事，人们也照样供奉。当年桐君山上的二先生祠，开始供奉的是本地明代的姚夔和俞鉴，后来演变成了张巡和许远。张巡和许远两人与本地关系并不密切，但因两人在睢阳之战中保全了江淮千万家百姓的性命，百姓把他们奉为守护神。凤川地方"迎神节"所奉之神也是张巡。

不论是祖先或是有功之人，供奉郭侯王的原因可以有很多。因为郭子仪官至太尉中书令，封汾阳王，七子八婿，享寿八十五岁，五福兼全，是"大富贵，亦寿考"的典范，为历史上第一人物，在民间有大好口碑。庙中经常演传统越剧《打金枝》，间接反映了郭子仪五福齐全的原因所在。但或许最主要的，还是淳朴的乡人想借助郭子仪的赫赫声威，来保佑一方的平安吧。

传经堂：古松垅里的经典之堂

孟红娟

在江南镇荻浦村古松垅内有两幢紧紧相连的古建筑，一为慈济寺，一为传经堂。事实上，历史上的传经堂是慈济寺的组成部分，为慈济寺的后厅，是方丈的居室和僧人的禅房，即僧人的生活区。中华人民共和国成立后，传经堂改为民居，为村民所住。实行美丽乡村建设后，这里改为孝义荻浦农家乐，传经堂得到了有效的利用和保护。两幢建筑东倚泉塘澳入浦口，被高大的古松和古樟笼罩，环境清幽。

据记载，慈济寺乃千年古刹，释迦牟尼佛为寺之尊崇。但寺庙具体建于何时，已无可考证。

明朝万历年间，寺庙发生颓塌，荻浦先祖为了报答前人

传经堂

的余荫，对寺庙进行修葺。修善后的庙貌辉煌，松楸茂茂。当时的住持陈明顺禅师

治寺有方，置田买地，同时的族人也将上等的好田助入寺内，各地僧人慕名而来，加入慈济寺，曾兴旺一时。

清康熙元年，申屠族祖应瑜、应裕、应官、应栋等人又合力修缮寺庙。这时的住持年迈力衰，申屠氏应宿的儿子到桐君山出家，成为景明法师的弟子，法号普瑞，字野云。普瑞延入替代老僧，兢兢业业，种花栽竹，慈济寺翠映虬松，晨钟暮鼓，飘荡在浦口。几年后，殿宇佛像全部更新，又十几年后，寺庙积累丰盈，意欲大兴土木扩建古刹。无奈光阴流逝，普瑞和尚年事已高，不久离世。隔数十年后，慈济寺正殿遭遇虫侵，风雨飘摇，1738年（乾隆戊午年），荻浦申屠氏族中的有志者与主持商量，刻石材鸠工，几月后落成。

道光二年，慈济寺经族人顺吾公派下族人重修，建青云、白云两房，竣工后圣像宝珞庄严，金光灿烂，圣洁凝重，成为一方佛家修净之地。

宣统三年，住持智空大师更加勤于法事，徒子徒孙都遵守清规，远近抬提，无不交口称赞。没几年，积蓄丰厚，这年大兴土木，构筑山门，内设钟鼓二楼，正殿

传经堂

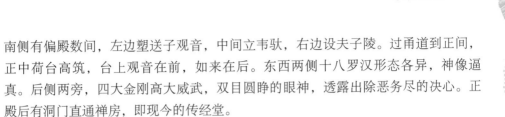

南侧有偏殿数间，左边塑送子观音，中间立韦驮，右边设夫子陵。过甬道到正间，正中荷台高筑，台上观音在前，如来在后。东西两侧十八罗汉形态各异，神像逼真。后侧两旁，四大金刚高大威武，双目圆睁的眼神，透露出除恶务尽的决心。正殿后有洞门直通禅房，即现今的传经堂。

传经堂里，方丈居室一尘不染，洁净雅致，天井四周一年四季奇花异草，散发出阵阵清香。据说，当时寺内有僧人六十余口，均宿在楼阁，设地铺齐头而眠。寺内所属土地达到四十余亩。另据统计，1949年以前，圆寂于慈济寺的老和尚有三十余人，一并葬于寺的西侧。

慈济寺的后厅传经堂，坐北朝南，三间三进两弄，二层楼房，占地面积400余平方米。

传经堂的门窗、梁柱、牛腿等均有各种不同造型的明清雕刻。门窗以格子、祥云和蝙蝠为主，寓意祥和、福到等美好和谐的愿望。在其中一对左右对称的牛腿上雕有张嘴的游龙，神态矫健，似欲腾空而起，直冲蓝天。在另两个左右对称的牛腿上雕有人物故事图。其中一幅刻画了两位长髯飘飘的老者在庭院里对弈的场景。两位棋手或闭目深思或对天发呆，在思考如何出棋。一位男侍者站在身后，神情悠然地观棋；一女子端着茶盘轻盈而至。四人神态各异，面部表情丰富，衣着纹理清晰如真。此雕像的上方刻着两位戴官帽着官服的官人持笏上朝，态度恭敬，表情严肃。有的牛腿刻着鲤鱼跳龙门，有的刻着三两友人在树荫下饮酒畅聊。

"土地改革"后，寺内的僧人全部遣散，法器销毁，数十尊菩萨被横扫一空。禅房和土地全部分给村里无房无地的贫农。1960年，传经堂成为集体粮点。20世纪80年代后，粮点取消，寺庙变成了牛棚，破旧不堪，臭气冲天。20世纪90年代，荻浦村族人申屠国初等筹建佛教小组，成员有一百五十余人。众人修复下殿，重塑佛像，规模虽不如昔，但香火缭绕，诵经拜佛者络绎不绝。

2011年，为推进美丽乡村建设，江南镇政府将传经堂纳入古松坞整治提升工程。政府出资，对传经堂进行了一次全面修缮，并欲将传经堂打造成美丽乡村建设的第一家农家乐——"孝义荻浦农家乐"。自此，传经堂又焕发了新的生机。

静云禅寺：小黄山上的神农庙

李 龙

黄山庙位于江南镇深澳村北黄山上，坐北朝南，沿山而建。因申屠氏从炎帝而来，故拜神农氏为祖先，黄山庙当初就是供奉神农祖师爷的，不过现在已发展成为佛道并存的静云禅寺，然而当地百姓还是习惯称之为黄山庙。

据传，明末清初时，有一群牧童经常在黄山放牛，碰到雨天总是无处躲避，于

静云禅寺

是大家就商量着在山坡搭了个草舍用来避雨。这草舍算是黄山庙最早的雏形了。

清乾隆二十七年（1762），深澳五房申屠发玖（字枝瑶）出生。他从小跟娘吃素念经，到二十多岁时就上黄山念经拜佛，净心修养。他总是早上上山，晚上回家。几年后，就有了建一座瓦房代替草舍用于诵经的想法，这一想法也得到了全村村民的支持。于是，数月后筹足了资金建成了瓦房神农殿，供奉的仍然是神农氏。此后申屠发玖就常住黄山庙，学道修行，道号"九老真人"，研究道教学说，兼学各种佛教经典。几年后，还著有《众喜宝卷》一部，并于道光五年乙丑六月初六日酉时"化成正果"。

此后近百年间，黄山庙屡塌屡建，可惜都没有文字记载。到民国三年（1914），由深澳六房申屠太和负责重修黄山庙，新装神农祖师神坛，门窗雕刻花格栅。在原神农殿右旁扩建了一幢有走廊的三间楼房，中间神龛内有七房申屠元根专供的财神老爷。后来这里就被称为财神殿，前有道地，外有围墙，圆拱大门门额是当时任桐庐县县长的任寿彭书写的"静云仙境"四字。而据现任住持释慧政所撰之《黄山庙传记》载，神农佛像为开挖水渠时所得，庙额书者为县长王世杰。后因无人管理修缮，除神农殿和台门及门额外，其余全部坍塌。

1985年，由十位老太太发起宏愿，重修黄山庙，历时三年落成；1990年在神农殿东面废墟上建成了圆通宝殿，1991年观音殿北又建餐厅。黄山庙由道教的神农土地庙向道教、佛教并存的禅寺转变。2005年，受当地居士钟爱珍、俞铮如等邀请，杭州三墩金印禅寺的释慧政法师到黄山庙住持。2006年，静云禅寺住持释慧政化缘筹资，于老神农殿后东面建新神农殿。新神农圣像由樟木雕刻而成，有黄大仙、陈老相公、关帝、财神等相伴。而原神农殿则改为天王殿，供奉韦驮、弥勒佛及四大天王。2011年又新建观音殿，供奉千手千眼观音。随着佛教的兴盛及黄山庙名气日增，前来烧香的外地香客越来越多。2013年，又于西侧新建数间四层居士楼，以供远道而来的善男信女修行做夜课住宿之用。至此，神农殿供奉道教神灵，其余皆为佛教道场，而"静云仙境"台门始终未变。

现在的静云禅寺由台阶进山门后，建筑按地势高低分两个层次：第一层次八开间两进格局，横向并列分四个部分：山门、门厅、观音殿为第一部分，约占两间位置；左侧是新建纵向居士楼，一楼为法物流通处，为单独一部分；右侧依次是天王殿和大雄宝殿，分别占三开间和两开间，这两部分地面都前低后高有七个台阶高差。第二层有约十间，依次是居士楼、三圣殿、圆通宝殿、财神殿、地藏殿、关公殿和神农殿。两个层次间通过天王殿后门及台阶连接。

观音殿供奉观音像，慈眉善目，普度众生。天王殿供奉弥勒佛和韦驮，背靠背一坐一立，两边是四大天王高大塑像。大雄宝殿供奉释迦牟尼尊者如来像，两侧分别是阿弥陀佛和药师佛及十八罗汉，永住世间、护持正法。

圆通殿供奉千手千眼观音、送子观音、净瓶观音。财神殿供文财神。地藏王殿供奉地藏王菩萨，以及大量往生莲位。这些布置与别处大同小异。

神农殿为静云禅寺特色，在最高层东侧。该殿是黄山庙最早建筑，原在现天王殿位置。现在这里二间敞式建筑，大门正对神农坐像，边侍手执拂尘的黄大仙及观音站像；左前方依墙供芦茨菩萨及张天师和另一护侍者。右间供关公，关平和周仓分侍左右；右前方依墙供土地公公和土地婆婆，斗战胜佛也立于一边。

统计寺内所有佛像，竟然不下五十位。而观音各种身像有七尊之多。这是除神农殿外的又一大特色。

黄山庙虽然位于黄山半山腰，交通极为不便，但近年已建盘山公路，拖拉机可直接运送货物到庙门口，解决了进一步改建的运输难题。虽投资颇巨大，却深得香客信任，所以能不断扩大规模。现在黄山庙道佛相融又解决了善男信女的信仰问题，他们从两者中汲取精神支持。特别是对神农祖师的供奉，既是因为神农氏是申屠氏的最早祖先，其中有祭祖的精神皈依；同时又反映出当地村民对土地的崇拜和农业的重视。

灵古寺：翠微深处钟磬悠扬

许马尔

　　灵古寺，旧名灵水庙。据民国《桐庐县志》记载："灵水庙，一名禹王庙，左有文武二庙，相传昔有高僧卓锡于此，里人胡儒襄捐资重修。"寺庙位于现富春江镇茆坪村省道桐义线西南侧。

　　灵古寺坐西南，面东北，虽未按照子山午向所建，但依山就势，融山水之毓秀，纳天地之灵气，寺庙金碧辉煌，香火旺盛，钟磬悠扬！

灵古寺

东面禹王庙（亦称陈公殿）外墙紫色，八字大门面东北而开，大门侧墙北书"有求"、南书"必应"四个大字；西北侧新建的庙宇外墙为黄色，墙上有"灵古寺"三个大字，道家尚紫，佛家尚黄，此寺庙一看便是道释合一之地。据灵古寺住持释性空法师介绍，灵古，取自"灵现吉祥，古法无常"之意。

灵古寺禹王庙（亦称陈公殿）之建筑，紧凑而庄重，属清末三间两进一天井构筑。一进明间为四柱七檩，两旁次间各四柱，为两坡硬山顶。天井为纵向长方形，两侧走廊原为左悬钟、右悬鼓，现改为左"文昌塔"，右"转运塔"，钟鼓易位于后殿，并且钟已易锣。二进正殿明间十柱九檩，次间两旁各六柱，亦为两坡硬山顶。

檐廊后大殿，正座三尊神像分别端坐在轿式神龛中，神龛轿窗两边各有龙手二支，龛门布以黄色帷幔。中间神像为平水王大禹，大禹乃三代帝王之一，塑像堂堂正正，头戴王冠，黄袍加身；左边神像陈老相公，右边神像陈十三相公，二神一为红脸，一为紫脸，皆是红袍加身。中间神龛前左右立有两位侍从，因大禹为帝君菩萨，此处配祀之神实乃天聋、地哑。

殿后左间为观世音菩萨，右间是财神菩萨。正殿两边四尊护法神像，皆为唐代武将，个个戴盔穿甲，握剑持戟，体貌丰隆，殊容异相，两目炯炯有神，威武肃穆。

正座神前供桌，两边各置一烛台，中间一尊香炉，并摆有各式供品。庙祝添香剪烛，让人感觉剪烛清光亮，添香煖气来。一进大厅上方有匾额一块，上书"云山瑞霭"四个苍劲有力的大字，为乡贤邵国祯先生所书。

旧志载灵水庙左有文武二庙。据当地一位老人介绍，其一为张仙庙，内供"张仙爷"菩萨，此神左膝抱一小孩，旧俗称"送子贵神"，专司送子护子之职，在此享尽了人间礼遇。据考张仙生前为晚唐孟昶，其父曾在川地建立过后蜀朝廷，赵匡胤发兵攻蜀后，孟昶兵败归宋。后孟昶被害，其爱妃花蕊夫人被召入宋宫。花蕊夫人因悬挂一幅孟昶手持弹弓射猎的画像，被赵匡胤看见后问此乃何人？花蕊夫人急中生智答道："这是我们蜀中张神仙，供奉此仙就能得到儿子。"于是，赵匡胤便令全国百姓祭祀张仙。故从宋代开始，张仙庙遍布中国，于是连偏僻的茆坪山区也会建起张仙庙。

灵古寺西北侧，为新建的天王殿和大雄宝殿，寺宇依山起势，气象崔巍。大雄宝殿为重檐歇山顶建筑，楼檐四翘，八面威风。天王殿正中供奉弥勒菩萨，背面供奉护法天神韦驮菩萨，造像气韵生动。左右有四大天王塑像，大雄宝殿中间为释迦牟尼佛，佛像法相庄严，意态天然，两边为护法神童。左边宽敞明亮的灵古讲堂也投入使用，客堂、斋堂、佛医堂、僚房、禅修房、讲堂、极乐堂、藏经楼一应俱全。新建的灵古寺，虽然中轴线上依次仅为天王殿、大雄宝殿两座建筑，其布局离伽蓝七堂制的格式还有一定差距，但与类似乡村小庙相比，灵古寺也可算是小中见大了。置身古寺之中，令人感觉静谧、空灵、明净而幽远，庙小乾坤大，神灵日月长。

　　缘何在灵古寺祭祀平水王大禹、陈老相公，这恐怕与茆坪的地理环境、与当年先民的信仰精神寄托有关。因为，茆坪村位于白云源之中段，芦茨、东坞坑两溪绕村而过，峡谷两边的土地尽管当年先民用篾笼灌石法拦截，只因限于当时的条件，一遇上山洪暴发，洪魔淫威时常常会把溪两边的土地冲成一片乱石荒滩。再加上白云源一带又是盗寇出没之地，因此对于生活在茆坪山区的古代人来讲，面对匪风颇炽、洪水泛滥，确实需要有一种信仰来寄托。

　　每年农历九月十五为茆坪村的时节，茆坪村有"抬老爷"习俗。是日只见庙宇门口，善男信女们前呼后拥地进进出出，他们在神像前燃香插烛、叩头跪拜。这时，锣鼓之声大响，人群从庙门的两旁分开，两位女执事先走了出来，她们一人一面三角旗，后面两位男执事高擎黄色的蜈蚣旗，众旗手之后为开路的两面大锣，两支长号随后，再后面就是大鼓、小鼓、唢呐、汤锣、小锣、的鼓、铙钹等等，接着是抬三牲福礼的人。过去茆坪"抬老爷"要用"猪羊福"，即用一头宰白的猪架在一木供架上，然后又把宰白的羊架在猪身上，猪嘴里含一长枳，羊嘴里含一橘子，再由人抬在"老爷"前面。如今福胙为"小三牲"等物，全用红带子扎在一张福胙桌上。福胙桌后为陈老相公、陈十三相公、平水王三尊菩萨，它们分别乘坐在三顶四乘大轿从庙内抬了出去。轿后便是手持神铳的炮手，整支队伍浩浩荡荡，热闹非凡。

沈村殿：一联知秋道真谛

皇甫汉昌

沈村殿

沈村殿，位于瑶琳镇沈村自然村村口，殿以村名，亦称"胡公庙"，殿内奉祀雨谷神。

据民国《桐庐县志》记载："胡侍郎庙在至德乡赤洲岭下，明正德年间（1506—1521），沈伦募建，名胡大王庙，庙下有泉通瑶琳洞，大旱不竭。"清咸丰八年（1858）重修，是桐庐北六乡的乡主庙，盛极一时。该殿三间两进，依山而建，坐南朝北，青砖黛瓦，马头墙。从远处看，形同当地的民居，朴素清幽，雅致自然，略带徽州民居的特征，富有江南农家的韵味。近观，首先看到的是卷棚顶内的八字大门，大门廊轩横梁上全是精雕细刻的古色花纹，左右两边绘有"游海金蟾"和"九世同居"的图案。八字墙的墙脚用须弥石座，左右石座上各有一块高2.1米、宽0.8米的石板嵌在墙内，整块石板镂空雕凿，左边是松鹤图，右边是松禄图，造型古朴，形象生动，当为明代的遗物。

走进殿里，二进的建筑比一进高0.6米，中间有一天井，天井两侧为走廊，用石板砌沿，石板上刻有"鱼耀龙门"和"双龙戏珠"浮雕。该殿采用42支方形石柱和2支圆形石柱，石柱础上刻有暗八仙浮雕。屋梁用材硕大，月梁肥厚，斗拱精美，牛腿龙腾透雕，雀替上双龙戏珠浮雕，荷花悬柱十分讲究。总之，在这些木构件上，用浮雕、圆雕和镂空雕人的不同手法，雕上了许多卷藻纹、云纹、花鸟、瑞兽、亭阁及山水人物等。精工之美，令人叹为观止。

二进明堂原来建有神龛，龛顶为绘图方格平顶，绘以雨龙、青松。端坐雨谷神。这雨谷神是北宋的一个清官，名胡寅，字明仲，宣和进士，礼部侍郎。绍兴六年（1136），任严州知府，任上政教并行，宽刑薄赋，重视农桑，有德于民，民甚感之，建庙祭祀。"文化大革命"期间庙移作他用，神龛被拆除。殿内其他建筑虽有部分破坏，总体保存较好。

特别值得一提的是后殿柱子上刻有一联，别具一格耐人寻味。上联为"想当年满腹雄心忙忙碌碌竟无一件放得下"，下联为"到今朝两个空拳干干净净就有万金担不回"，是清朝将领沈作夔戊午年所撰。沈作夔，字虞琴，至德乡人（现瑶琳镇沈村自然村人），咸丰元年武举人，同治元年冬授千总，次年晋升秩部司留守杭城，同治三年擢游击任严州都阃府。同治十三年统宁波海军，光绪十一年清政府因安南而攻台湾，浙江戒严，他统炮船百艘巡弋海面。事平将大用，他以年老力衰请归，在家乡优游林下生活十多年。这楹联应是请归后所作。其中有深刻的个人身世之叹，也有劝世人之意，实道出了人生真谛。相传，抗日战争后期，日本军队曾到沈村殿，想纵火毁殿，但看到了殿中这楹联后，不再举火。至今村民还称此楹联为"护庙联"。

1985年桐庐县人民政府将沈村殿列为县文物保护单位。2000年当地村民集资整修粉饰一新。请进来的是佛祖，沈村殿也改名为"太阳禅寺"。

桐庐古建筑文化基因解码

逸平庵：一处避世净土

黄水晶

逸平庵

　　逸平庵坐落在新合乡新合村何家自然村村口，原是一处修心养性的庵堂，现为一处佛教活动场所。建筑初始样貌不祥，眼前的逸平庵为砖木结构，大门朝向村道路。大门上方有门额"逸平庵"三字，门两边有对联一副，站路上看，左边

写着"法雨普降沐黎民"，右边写着"佛庵重光添画景"。院门后，置有简单的门厅，单坡硬山顶。

逸平庵分两部分：前面是院子，院子左边花圃里种有一棵扁柏树，右边花圃里种着一棵桂花树与一棵小柏树。后面为正殿，共三间，地势高出院子三个台阶，内里供着各路佛与神。为方便世人朝拜，面向西大门一边不砌墙。南北墙上马头形式为"观音兜"。正殿长约11.5米，进深约8米。由外而内三对柱子上都挂着对联，分别是："观他人总是有高，笑自己原来无知""人间举头可见神灵，佛光（界）万事皆存因果""大慈大悲到处寻救苦，若隐若现随时念消愆"。柱子上头横放的平机梁上，悬有"第一真人"匾额一块。柱子后是神台。中间正位墙前，高坐着的是释迦牟尼，前面由右而左，分别塑有迦兰祖师、观世音、韦陀、哪吒四尊菩萨。左边间的平机梁上，挂着"诚则应灵"匾一块。后面灵台上，坐着地藏菩萨夫妻，前面南北两边，分别站着文武判官。后面墙上画着一只麒麟。右边间平机梁上，悬有"降福孔皆"匾额一块。"孔皆"普遍的意思，"降福孔皆"即普遍降福。后面灵台上坐着四个菩萨，由右而左，分别是陈老相公、火神、炭神（原居溪对岸山脚下福泽庙）、钱老相公。

嘉庆二十五年(1820)由何宗恒为总理，对逸平庵进行了重修，并在原有建筑的左侧扩建了三间厢房。道光二年(1822)十二月，逸平庵开光吉庆。

1949年前，逸平庵中有三件镇庙之宝：一是武判官塑像，因太过生动，让人不敢仰视；二是木匠制作的长栅栏，全以"卍"字腾图拼接，严丝合缝，令人叹为观止；三是这里的三张供桌，膛肚浮雕全为佛教故事，精美绝伦。村人无不以有此宝自豪。

中华人民共和国成立后，逸平庵里办过村校，做过会场。但更多时候，成了村人堆杂物、关牛、烧泥焦灰的场所。"文化大革命"时，所有器物全部被焚毁。

1986年，村中何登来等八人提出并发起修复庙堂，得到村人的响应。大家捐钱、投劳，很快将逸平庵修复一新。第二年农历二月初二，逸平庵举行了隆重的"开门"仪式。1994年8月，何登来等13人发起，塑像十四尊。2006年3月，何登来等人又重塑部分佛像，刷新梁、柱、椽、墙壁等。佛像重新开光，鞭炮齐鸣，香客云集，基本恢复了逸平庵1949年前的庙貌。

桐源公庙：以扶阳基荫庇一方

许马尔

桐源公庙

在县道柴雅线公路旁的湖田村安桐源口，有一座小庙特别醒目，这就是湖田村水口的桐源公庙。

桐源公庙的规模并不大，坐东北朝西南，面阔三间，而且也不是很宽阔的三间，进深五柱七檩，采用两坡硬山顶，这是一座后人重修的建筑。2014年11月，桐源公庙被列为桐庐县历史建筑之一。

桐源公庙殿后两柱之间置有三个神龛，神龛前的挂落绘有蓝底云纹花草图案，中间神龛供奉桐源公夫妇神像，左神龛为山公山婆神像，右神龛是陈老相公夫妇神像，前面左右两侧为文武判官，个个菩萨殊容异相，备极庄严。殿中间悬有匾额一

块，据说原书"威灵显赫"四个大字，现由当地乡贤龚金夫改书为"惠我黎民"。左侧神龛上方书有"诚则灵"，右侧神龛上方书有"求必应"字，三座神龛均布以金黄色缎子的幔帐与幡条，并且在龛前各有一张用水泥制成的福胙桌。

桐源公庙很小，没有烛台，也没有香炉，平时看上去也较为冷落。中间檐下，一个角铁焊制的架子上，一支支细铁针插着一根根燃过的蜡烛棍，并挂满了残留的蜡痕；而用混凝土块堆砌的台子上，三只钵头替代香炉，里面插满一炷炷燃过的线香。从中还是可以看出桐源公缘何血食受人祀，恐怕这是有威灵在庇佑一方，虽然平时冷落，但在农历十月半时节里，这儿的香火却是很旺盛的。

桐源公到底是何许人呢？把他供奉在一座殿宇中到底是为了什么？

桐源公是南京丹阳人，虽然姓甚名谁没有留下来，但他类似桐君，生前也是一位悬壶济世之人。据传桐源公在明清之际，曾到过新合湖田村一带。他以医技普济众生，仗义行医，除灾消祸，救危扶贫，施仁德于邻里。当地民众赞其宏德，感其恩泽，为求荫庇一方，以扶阳基，于是在清嘉庆庚辰年间，由乡人钟大海等人创议始造神庙，塑立桐源公神像而祭之，并备置石桌石凳等。

民间祭祀，是向神灵求福消灾的一种传统礼俗仪式，古时被称为吉礼，其初衷就是为了祈祷平安，保佑一方。1922年，庙堂遭遇洪水而冲毁，当时仅剩一角之基。翌年孟春，乡人盛森桂在梦中遇见一位老髯，老髯曰："重建庙堂，再立金身者，寿增十春。"盛森桂静思其形乃桐源公也。此事盛传之后，徐贵中等人继先生之志，发动乡人卜期择地重建神庙，重塑神像。

是年十月上旬竣工。说来也怪，徐贵中返老还童，年越九旬，无疾而终。是否益寿延年，是也，非也，信者应，诚则灵。

1950年，因当时破除迷信运动，桐源公庙里菩萨和匾额皆被毁。"文化大革命"中，庙内众多木雕又被劈削，轿椅漆棚亦失散，庙宇变成灰棚，最后仅剩片瓦残墙。1988年钟潮江等人聚集商议修换墙垣，众人增砖添瓦，请艺人描画神像，设幢立帏，并定农历十月半过节以纪念桐源公。

1995年春，钟潮江、周荣军等再次发起，善男信女各界人士解囊相助，谨选吉日良辰重塑金身，立匾增龛，盖溪涧，扩明堂，建围墙，扩建庙宇。绘画雕刻漆棚柱梁，其庄严雅致非往昔所能及，是年十月上旬竣工。

黄堂寺：入此处便知是净土

胡泉森

黄堂寺也叫黄堂庙，位于桐君街道阆苑村荣店自然村庙殿湾。寺院坐北朝南，背依砂子岗，面向石岩山，双溪一脉清流从寺前流经，一带山青水碧，左近阆苑石海风景区。清咸丰八年（1858）由上王庄、下王庄、井湾庄、里包庄、迎丰庄、外畈庄、青塘庄王姓、闻姓、包姓集资公建。庙分前后两进，前进戏台，后进神殿，36根粗大茶园石柱子落地。雕梁画栋，明堂中天，封山高踞，十分气派，总建筑面积338平方米，由于保存完好，2014年被列为县重点古建筑保护单位。

当年的黄堂庙是座社庙（土地庙），祀社神高获，神号高明府君。这个高获与严子陵是好朋友，他通天文、识图谶、知遁甲，是个道家式的人物。他从石城（南京）到桐庐来访严子陵，适逢桐庐大旱，百姓苦不堪言。他来到一处深潭边，仗剑

黄堂寺

临潭曰："此地有蛟龙，当起行雨。"是日午后果然雷雨交加，旱情解除，后来田稻也获得了好收成。邑人感戴，为他立庙。唐开元二十六年（738）有高获后人，时任淮南节度使、散骑常侍、著名边塞诗人高适来桐庐，知先人遗事，还记其事，为之立碑。明邑人姚建和也有诗曰"高获素能推六甲，严光终欲老三吴"，说

的也是他。

我们不必追究高获识图谶、知遁甲是否灵验，但高获识天文应该是真的，他知当天要下雨，这是他的过人之处。阆苑有龙洞，历来是县中农民逢旱祈雨的祭坛，在那靠天吃饭的年代，农民最大的心愿就是获得丰收。干旱年头农民在烈日下，赤脚脱头，虔诚祈雨的队伍不绝于途，由此村民想得到高获的灵佑也就不足为奇了。

当年的黄堂庙每逢农历二月十九观音菩萨圣诞、五月二十日陈老相公神诞、八月中秋节的香会，庙中都是香客熙攘，很是热闹，尤于陈老相公生日都要做社戏。

中华人民共和国成立后，黄堂庙先后办过学校，做过收获点保管粮食，也办过村办石粉厂和五金厂。1994年，黄堂庙改神庙为寺院。1998年黄堂寺又进行了扩建，在原老庙右新建前后两进水泥结构的仿古大殿，建筑面积280平方米，除供奉佛教佛像外，也供奉民间信仰的神像。

院墙中迎面四柱三间双檐红柱黄瓦的水泥牌坊耸立，檐上正中"黄堂古寺"牌匾金光耀眼，入寺宽阔的广场中宝鼎矗立。左双层楼房为客堂、禅房；右三层楼房为经堂和寮房，也作斋堂，依进是香积厨。主建筑天王殿、观音殿左右并立，均琉璃瓦歇山封顶，瓦当滴水，典雅美观。天王殿、大雄宝殿按原古庙改建，基本保持原有格局。殿内可以欣赏到精美的牛腿、雀替雕件，那是"文化大革命"中村人用黄泥封糊才保存下来的。前殿佛龛中弥勒、韦驮为金身，四大金刚是彩塑。寺中最大特色是中座释迦如来、阿难、迦叶尊者，及十八罗汉、文殊、普贤菩萨等23尊佛像均是缅甸进口的玉石精雕而成，其中释迦如来佛有三吨多重。玉石晶莹光洁，象征佛的高尚圣心。殿堂摆设严整，纤尘不染，入此处便知是净土。

神灵之设或虚诞或为历史真实，但其宗旨均为劝善修德。黄堂寺中有几副楹联，实可作为鉴戒：

> 无贪心无私心心存清白真快乐；
> 不寻事不怕事事留余地自逍遥。

> 善恶之报如影相随；
> 祸福无门惟人自招。

> 莫厌淡泊来相聚；
> 若怨清贫去不留。

卫王庙：治水功臣佑横山

三　山

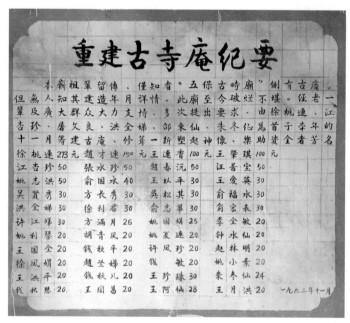

卫王庙《重建古寺庵纪要》

横山埠寺山（又称庙山、横山）西侧有庙，供奉太平灵卫王，也就是在余杭治水有功的桐庐人陈悍（其事迹见本书《洛村庙：泽被余杭的洛村老爷行祠》）。后唐长兴三年（932），陈悍被五代十国时期吴越国第二任君主钱元瓘追封为"太平灵卫王"。

现在横山埠村人大多称这里为"庙上"。庙的主体建筑由三部分组成，自南往北分别是大雄宝殿、老庙、庵里。

大雄宝殿建造最迟，是江边公路建成后利用大路与原建筑之间的隙地建造的，一开间，供奉释迦牟尼和迦叶、阿难两位尊者，以及文殊和普贤菩萨。上悬"佛光普照"大匾，两侧为"真诚清净平等正觉慈悲，看破放下自在随缘念佛"，从觉悟和修行两个不同方面给信众以启示。紧邻的是三开间古庙，中间供奉观音菩萨，边

有善财童子和龙女；南侧是神医华佗，北侧是财神。这里有一副制作于壬午年的板对，体现了当地信众的虔诚：如是我闻观自在，阿弥陀佛极乐国。

"庙"称"积善寺"，内墙北壁有1995年修缮时撰写的《重修积善寺记》云："我村西积善寺创于明万历年间（1573—1619），历史悠久。当年寺宇宏大，与富阳东梓越石庙齐名，为富春胜迹。寺院历经沧桑，至中华人民共和国成立后仅存偏殿三楹。欣逢改革，国运日上昌隆，里人倡议重建，得广大居士及社会各界襄助。寺宇重整并得扩建，佛像重塑，初成释教净土。此处背山面水、地接富桐，天净云树、鸟落平沙，爽气西来、大江东去，山水共色、风月无边，足见先人择地而建之慧眼也。更有子陵钓迹、公望屐痕。一九三九年春，敬爱的周总理为视察抗日前线，经此巧渡日寇封锁线，直下浙东。凡我信徒游人到此，无论礼佛观光，当念我华夏文明、乡风民俗，顾惜物力维艰，思释迦牟尼劝善积德之教导，弘扬佛教护国利生之精神，净化心灵，莫虚负富春风光、先人高意、伟人业绩，为创建社会主义精神文明而努力。经手人：江杏珍、钱昌华、徐桃莲、邵冬仙、邵凤香谨启。"

庙内南侧靠墙横卧着本寺古经幢，当地称"连经树（音）"。该经幢高378厘米，柱径34厘米，下段为八棱柱状，上有46厘米宝葫芦状顶；柱状部分上刻26厘米花形图案和48厘米文字，文字分别是南无妙色身如来、南无宝胜如来、南无广博身如来等，因无法搬动，未能确认其他五面文字。经幢是我国佛教石刻的一种，创始于唐代。是凿石为柱，往往上覆以盖，下附台座，刻佛名、佛像或经咒于其上。因为其造型制式从印度的幢形变化而来，所以称经幢。唐时李玫《异闻实录》有"开元中，明皇与杨妃建此寺，立经幢"的记载。别看这经幢普通，据我所知是县内最大、保存最完整的旧时经幢。

古庵也是小三间，进深稍浅，正中高台上供奉土地公公和土地婆婆，前两侧低台上有文曹武判，中间停放土地公公轿子，可出位接受供奉。高台南侧是关公阅春秋塑像，两侧有周仓、关平侍护；北侧是龙王，保佑当地风调雨顺。

关于此庙的相关情况，从清时赵雪飞所撰横山埠八景诗之《横山庙貌》也可看出端倪：

辉煌庙宇傍村居，水秀山明似书图。

德泽恩膏沾五社，丰年笑看醉人扶。

荷程庙：书法与历史的交融

李　龙

荷程庙

荷程庙位于江南镇华丰村荷村自然村西北出村口。原有东西向连接深澳和板桥的古道从庙前经过，现古道已荒废。庙得以保存，并于2008年被桐庐县文管会确定为县重点保护古建筑。

只见"荷程庙"牌匾赫然高挂，乙亥年季冬题写。虽然现在看到的字是新写的，但"程庙"两个黑底原字仍清晰可辨，只有"荷"字已不见了大部分笔画。左侧墙上有八字门，墙上画着秦叔宝和尉迟敬德两个门神，并书门联："双铜打成唐天下，单鞭擎住李乾坤。"

荷程庙是一座三开间两进一天井建筑，坐北朝南，砖木结构，敞亮而精致。面阔12米，进深20米，前双步，内五架，两坡硬山顶。进门后，我就为里面的楹联所吸引。34根石柱上有11对阳刻楹联。中堂楹柱联为：为国为民成恺悌，难兄难弟沛恩膏。落款为道光十五年春月吉旦弟子许文沛敬立。随后向外由中而边分别为：昆

季称王昭世泽，许徐合社答神休；天看承善恶两样，日照顾贫富一般；美景良辰喜见天时转泰，光风霁月幸逢人事重新；祖父并封神箕裘丕振，弟昆同立庙今古恒希；何必终兄方及弟，自肮保许奔安徐；众协一心成栋宇，神称两美奏壎篪；式难竞爽庇群黎，式社同心成义举；物阜民康三社乐，水流山峙二侯恩；常乐泗水相比辅，高阳东海共鳌香；庙貌等黄程后先继美，击石齐□□棣萼聊辉。每一副对联，都对仗工整且行文雄伟优雅，更是记载了历史，是书法与历史的有机融合，与附近祠堂庙宇同类楹联相比可谓出类拔萃，让人耳目一新。

以我原有的对当地历史文化的理解，从这十一副楹联内容中多处提到的"难兄难弟""昆季称王""许徐合社""祖父并封神""弟昆同立庙""保许奔安徐""神称两美"等来推测，这里供奉的应该是许、徐两姓的先祖。从"式社同心""三社乐""庙貌、黄程"等内容来看，又是同源深澳黄程庙及当时隆重的庙会有牵涉。从"常乐泗水相比辅，高阳东海共鳌香"来看，又似乎说的是现在居于常乐派衍高阳，而先祖出处则在东海泗水。

然而据当地人说，这里是郑成功部下为纪念郑成功而建庙祭祀，为隐其迹而用本地方言同音的"程"代"郑"，庙中塑像也是左有郑成功，右有戚继光。虽然无法跟楹联关于许和徐的关系相勾连，但我相信传说一定有其原因，只是我们一时无法厘清而已。

中堂还有一只长约60厘米，宽约30、高20厘米左右的石香炉，带莲花卷草纹，古色古香。口沿依稀可见"万历丙辰年月信士许"等字迹。侧门石框上刻有"弟子许多令敬立，道光丙申年十月"字样，估计记录的是该庙建造或修葺年份，那么距今也近二百年了。

再看它四周形势，处于高岗之上，西侧不远处有四五株樟树，呈一字形向西边延伸，且都立于土堆之上。我猜测这里原来应该是一条高岗，岗上植树，是为佳山，形成村庄阳基。这猜测一出口就得到许先生证实，说是在土地改革时夷成田地的，树也砍了不少。西边原有一古庵，年代比庙早好多，毁于土地改革时。现庙中石香炉疑为庵中之物。

庙名由来，疑是从深澳黄程庙分出，故留一"程"字，以说明其渊源；因庙址位于"荷村"自然村，故冠名为"荷程庙"。

化神寺: 化石化身终化神

李 龙

化神寺, 古名化石庵, 又名化身寺, 位于桐庐县江南镇徐畈村。

关于化神寺的来历, 传说较多, 也有相互矛盾的, 但各种传说的核心内容相对集中: 说是邻村深澳有一善男名叫阿狗, 一心向佛, 一生行善, 终于在这个寺内化身成佛, 所以这里也就称"化石庵""化神庵", 后来又称"化身寺""化神寺"。村民

化神寺

每有什么疑难问题向他求助，总是很灵验，所以四方善男信女、文人墨客都慕名前来烧香礼拜，一时间香火极其旺盛。

至于化神寺的初建年代，有说始于隋代的，有说肇于明朝的，无法确考。据《徐氏祠堂记》载，徐畈村徐氏宗祠建于顺治己丑年，也即公元1649年。文中有"适因文灿将化石庵傍得分已田乐捐在众以为祠堂基址"，可见最迟在370年前，"化石庵"已经存在。

据说化神寺全盛时占地三十余亩，房舍五百多间，殿堂齐备，屋宇俨然，有僧众百余人。真是梵呗之声缭绕，钟磬之声不绝。桐江徐氏敦睦堂《徐氏宗谱》载有暨阳文人孟华撰写的两首古诗，记录了当时盛况。

古庙钟声

僧居钟响值晨昏，百八声来古庙门；
野鹤听经依古树，庭鸦对月傍香盆；
疏窗催醒閒中客，绣阁惊残梦里魂；
自尔朝朝还暮暮，长将逸韵涤喧尘。

近庵梵籁

阒寂茅庵小结禅，香烧柏子诵遗篇；
只园幸结三生愿，贝叶真诠六祖传；
声彻木鱼闲法座，光生莲炬耀经筵；
空门日永垂帘地，无复尘氛乱篆烟。

古庙也好，近庵也罢，诗中的这些名称，都是指现在的化神寺。不过沧海桑田，兴衰多变，清朝乾隆年间，化神寺全毁。后虽经僧众募缘重建，终不如前世风华。到"文化大革命"时，佛像法器等再无遗存。直到1992年，当地村民集资数千元，费尽周折，在原址上恢复了规模狭小的化神寺，并逐年增添佛像、法器等。虽已见寺院雏形，但已然不能满足广大信众诵经礼佛的需求了。2014年3月，上海青浦区青龙寺释耀海法师前来时，这里已是佛像斑驳、大殿鼠窜、法器蒙尘，一片狼藉了。

现在的化神寺，虽然仍然狭小，但足以寄托善男信女的向善礼佛之心。只见在那个相对独立的区间，耳畔传来阵阵梵音，让人的心情一下子安静下来；眼前是铜铸的佛塔和香炉，使人油然而生虔敬之心；"化神古寺"匾在阳光下熠熠生辉，引领过路行人走向那一片清静的佛门圣地。并且在寺的北面，又扩建了三间屋基，只

待时机成熟，念经堂、斋堂、寮房等便可完备了。

化神寺现在主供华严三圣，即毗卢遮那佛、文殊菩萨、普贤菩萨。此外，寺中还有十八罗汉、千手千眼观音、韦驮、关公、地藏王菩萨等。化神寺中的十八罗汉全由樟木雕刻而成，虽还未塑金身，但各种形态惟妙惟肖。

韦驮和关公在这里是作为"韦关二护法"供奉的。韦驮在寺院总是以护法形象出现，一般在天王殿中守护对面的大雄宝殿，这里因建筑规模限制而立于关公对面。关公信仰在当地十分普遍，无论是作为忠义的化身或作为武财神，都受供奉崇拜。同时作为护法，关公在佛教中称"伽蓝菩萨"。

这里的地藏王菩萨与别处的坐像也有不同，而是手持禅杖的立像。原来地藏王菩萨的坐像和立像，代表不同的意义。坐像有安忍不动如大地、静虑深密如秘藏的意义；而立像则有从定起已遍于十方诸佛国土，成熟一切所化有情，随其所应利益安乐的意义。

化神寺小则小矣，然则因供奉的对象，特别是这两尊菩萨的存在而有了特别的内涵。

大门两侧内壁上悬挂着两幅《乐助留念》，密密麻麻写着近260个修建化神庵的捐助单位和个人姓名，足见当时村民的热情。寺匾落款为丙申年冬，当为2016年新制，由上海陈姓信士捐制。门口还排列着不少新制的乐助功德碑，这是近来化神寺风生水起的最有力证明了。

桐庐古建筑文化基因解码

前江庵堂："小白菜"的避难地

李 龙

前江庵堂名为"余庆庵"，位于桐君街道梅蓉村前江自然村边，南距富春江150米，西距桐新公路1000米。因为是专门供九里洲老太太念经拜佛的地方，久而久之，乡人就称这里为"经堂"。原建筑为三间二进，坐北朝南，卵石墙，双坡硬山顶。进门上方设韦驮菩萨，后进供观音娘娘神像，天井两旁左设练经房，右为居室。东面建有侧屋，供道士居住及伙房之用。现存天井和后进。后进四根方形石柱上刻有两对楹联"云去云来谁是主，花开花落自成空""竹影横斜笼法案，钟声断续出香泉"。明间置神龛，龛脚用浮雕石板围砌。据调查，余庆庵为清嘉庆年间陈启彬、陈启材募建，确切年份已无从考证；清道光后期重修；民国初再修。侧屋在20世纪40年代已经倒塌。该建筑是桐庐县仅存的几个庵堂之一。

相传，太平天国时期，有一对兄妹曾避难经堂内。他俩都有武功，去富春江里提水，能双手提满桶水而不用扁担，很轻巧地提入伙房内。他们待人很和善，经常帮邻近百姓干农活，与乡人相处和谐。

另一个传说，则与财富有关：一天，一个徽州朝奉路过此地，留下了几句偈语："前面双眼塘，后面紫竹林，若要藏（金银财宝等宝藏），堂中堂。"当时附近的陆家村前面有一双眼塘，而村后又有一片紫竹林，有人认为这是发财的机会，就在陆家村掘地三尺找了个遍，然而也没找到宝藏。后来，住经堂的一个杂夫，夜里梦见一个胖娃娃往他怀里钻，醒来天刚露白。他披衣出门看到葡萄架下有一处亮光闪闪，他拿来锄头一挖，竟是一

前江庵堂楹联

个十八斤重的金菩萨。杂夫就独吞了这宝贝，不辞而别。从此，经堂香火一落千丈。

民国《桐庐县志》上有一段关于余庆庵的逸事记载，在此全文录入："诸暨包力生，以一乡民集众御粤军，名震一时，及其败也不知所终。同治中叶，邑之九里洲佛堂来伟男子，曰：包大孝。自云诸暨包村人，乱后无以为家，素持斋信佛，愿寄食于此。遂混迹斋夫斋妇中，日坐蒲团合掌宣佛，号厥状茧茧，人亦不以为异。已而挈一斋妇徙居钟山佛堂，时亦与同道友往来城乡募斋化缘。至光绪之季而卒。或言此即御粤军之包力生也。然在桐三十余年，未闻少露感喟，乡老村妪或与谈包村往事，彼亦唯唯诺诺茫然未有以应。叶元芳为邑宰，时有客李宫（字小山，湖北人，尝官台州同知，以赣去职，流寓桐庐）具言，渠尝避地包村识力生，请得见而决之。于是叶召大孝至，宫询多端，憨笑而不答，但频摇其首，含糊其词曰：作孽，作孽！宫以为大似，然邑人卒未之信。"这个"御粤军之包力生"是一个保家卫国的英雄，虽然是诸暨人，但最后却隐居在桐庐九里洲余庆庵，这不是为九里洲平添了英雄气吗？

在民间还流传着一个小白菜在经堂出家的说法，也难辨其真伪，但连带《杨乃武与小白菜》故事一起，却颇受村民喜爱。

杨乃武，余杭人氏，居住余杭镇县前街澄清巷口。清同治十二年八月中举人，时年33岁。他为人耿直，好管不平之事，与余杭知县刘锡彤积怨颇深。毕秀姑，与杨乃武同镇，因常穿绿衣白裙，街坊唤她外号"小白菜"。她18岁那年与葛品连成亲，租住杨乃武家的后屋，两家相处和谐。毕秀姑常到杨家聊天吃饭，杨乃武也教毕秀姑识字读经。街坊中好事之徒便传言"羊（杨）吃小白菜"。同治十二年（1873）十月，余杭镇发生一起命案，豆腐店伙计葛品连暴病身亡。知县刘锡彤挟私怨怀疑本县举人杨乃武诱奸葛品连之妻毕秀姑，毒毙葛品连，对杨乃武与毕秀姑重刑逼供，断结为"谋夫夺妇"罪，上报杭州府衙和浙江省署。后经杨乃武之姐杨淑英二次京控，惊动朝廷中一批主持正义的官员，联名上诉。朝廷下旨，由刑部开棺验尸，才真相大白，冤案昭雪。毕秀姑出狱后，在南门外石门塘准提庵为尼，法名慧定，民国十年（1921）圆寂，年76岁。杨乃武与小白菜的冤案历经三年又四个月，牵涉官员之多、审讯时间之长、案件之离奇曲折，当年曾经轰动朝野，流布甚广、影响深远。加之沪剧、越剧、苏州评弹、电视剧、电影、小说、连环画等一些文艺作品的渲染，更为该案增添了一层层神秘色彩。所以140多年来一直盛传不衰。而小白菜曾到这里出家，不是为经堂增加了很多戏剧性吗？

一座业已破败的余庆庵，一个普普通通的经堂，居然承载了这么多的故事，这是我们在事先所没有料到的。

民居精品

启承堂：石头和木头的史书

何志英

启承堂是桐庐县境内为数不多的、保存较为完好的明代建筑，它与建于同一时期的、却已湮没在漫漶的时间深处的花厅相比无疑是幸运的。建筑大师梁思成有言"文化历史建筑可称为站立着的人类历史"，从这个意义上来说，启承堂正是一本"石头和木头的史书"。

启承堂坐落在桐君街道阆苑村对门自然村，2011年4月被列为县文物保护单位。对门自然村闻姓住户居多，启承堂正是闻氏宗祠。

祠堂，是族人祭祀祖先或先贤的场所。南宋朱熹《家礼》立祠堂之制，祠堂大多都是三进，第一进为"仪门"；第二进称"享堂"；第三进称"寝"。启承堂严合规制，但在岁月侵袭中第一进早已倒塌，翻修的台门兀立着，与保存较为完好的享堂格格不入。享堂（正厅）是举行祭祀仪式或宗族议事之所。据

启承堂

《桐江阆苑闻氏宗谱》记载：启承堂由明永乐工部主事、吏部郎中、湖广布政司右参议、江西布政司右参政闻质始建于宣德年间，至今约有500年的历史。启承堂高大的厅堂、精致的雕饰、上等的用材，成为这个家族光宗耀祖的一种象征。虽然启承堂在历史上有过几次维修，与原状已多有变化，但庄重大气的格局里仍然保存着明代建筑的历史信息。

在平面布局上，启承堂采用明代常用的通面天井长甬道的布局，天井中轴线上是长约十米、宽三米的鹅卵石甬道。前后两进建筑仅以矮墙相连接。台门三开间，明间为通道，次间为厢房。台门后院落占地面积150平方米，围有矮墙、开洞门，墙檐下绘有装饰图案。享堂坐东朝西，占地面积167平方米。三开间单层，砖木结构，双坡硬山顶、穿斗、抬梁式混合结构。明间五架梁带前后双步，用四柱九檩。木柱为梭形柱，两头小、中间大，举架以斗口为制，形成流畅自然的屋面曲线。抬梁的制作比较复杂，通过柱头、斗拱来承托大梁的脊背隆起，梁坊上的装饰简朴大方，梁坊与立柱相交间的雀替镂空雕就，精巧可人与粗大浑圆的对比相映成趣。吸引人眼球的还有一支花檩，中间雕着一只绣球，绣球两边各雕着两只小狮子，一幅四狮抢绣球的图案，这构思独特的设计，寓意"四世同堂"的天伦之乐吗？藏在这些细节处的美好总让人在不经意间感受到中国建筑文化的博大精深。

启承堂为砖木结构，这也符合明朝建筑的特点，明朝建筑已普遍使用砖墙，一改元代以前以土墙为主的状况。石灰作为砖石的黏合剂和外墙涂料，在这里可以就地取材，因为阆苑矿石资源丰富，自古生产石灰。启承堂的外墙用石灰黄泥垒砌砖石，薄薄的一层石灰纸筋涂料牢固地附着在墙上保护着墙体。经年的日晒雨淋，墙面斑驳似一幅浓淡水彩画，刻印着五百余岁时光的印迹。

祠堂，多数都有堂号。堂号的产生或为牢记祖先的郡望，或是彰扬祖先的功业道德，或以良好祝愿启迪后人。启，有开启、启运的意思。宋朝词人方岳有词《满庭芳》："况是中兴启运……从兹去，万年佐主，福寿总无疆。"承，是接续、继承，不使断绝。"启承堂"匾额高悬，字迹古朴苍劲，不知是何人题写，令人生出无限遐思。据乾隆二十一年《桐庐县志》记载：闻质"卒于家"，其故居花厅，有照壁、门楼，但雕梁画栋现已难见其迹，只留下"花厅下"的村名，让人徒生一声叹息。

罗家大屋：一段风云历史的见证者

李 龙

罗家大屋位于桐君街道梅蓉村罗家自然村，是一幢五间二进楼房，马头砖墙，地基高出地面75厘米。大屋面阔近16米，条石框架大门，石质高台阶。一进进深三柱七檩5.8米，梢间为厢房，梁柱规整。天井以青石板铺筑，两侧为厢楼。二进明间进深六柱九檩8.8米，梢间为楼梯间，置前檐廊，两侧开边门。据了解，这罗家大屋是时为国民党军官的罗阿满出资，由其弟罗阿梅建造，时为1914年。建成时门前还有院落，占地近600平方米。

罗家大屋作为梅蓉最有名的民居之一，并因为年代久远、选料精良、结构坚

罗家大屋

固、制作美观而吸引了来到这里的每一位游客。抗日战争时期，罗家大屋曾是抗战指挥所；北伐时期，这里是先遣队军部……可以说，罗家大屋一直都是走在时代的前列，直接见证了历史的发展。解放后，这里更是梅蓉社会各项建设事业的最中心和最前沿，梅蓉的巨变，都是从这里开始的。

从1950年土地改革时归属人民政府所有以后，这里一直作为区、乡政府的办公用房，曾有过高规格领导的接待。

1963年10月25日，外交部副部长黄镇陪同29个国家的外交使节和官员69人来梅蓉参观；1966年1月22日，日本代表团访问梅蓉大队并进行友谊联欢会；1966年5月8日，李先念副总理和浙江省委书记江华，陪同阿尔巴尼亚人民共和国部长会议主席谢胡前来参观访问；1972年11月22日，阿尔巴尼亚人民共和国军事友好代表团团长、阿尔巴尼亚劳动党中央政治局委员、部长会议副主席兼国防部长贝·巴卢库和代表团部分成员，由谭启龙、张才千、王子达等陪同，到梅蓉大队参观访问种植阿尔巴尼亚优良麦种获得丰收的情况；1984年10月，菲律宾国际水稻研究所育种系高级专家专程来梅蓉考察鉴定"水稻株系繁育和晚粳组水稻田耐抗性"……

中华人民共和国成立后，这里的艺术活动也很频繁。因这里美不胜收的四季风

罗家大屋

罗家大屋

景，吸引了大批艺术家纷至沓来。1969年春，浙江美术学院全校师生在这里吃住达半年之久，创作了国画《沙家浜》组图。此后每当桃红柳绿、油菜花黄季节都有浙江美术学院的师生、绘画摄影爱好者前来梅蓉写生和拍照。梅蓉小学教师汪立家里就保存有当年美院学生画的毛主席像和他父亲的画像，可惜毛主席像于年前遗失，现仅存依据他父亲照相画的放大像依然珍藏。

罗家大屋见证了我国人民从北伐到抗日再到解放战争的英勇顽强，见证了我县农村自解放以来的各个历史时期的发展轨迹，见证了梅蓉村在美丽乡村建设进程中的发展变化，是一幢极有纪念意义的建筑物。

如今的罗家大屋，经过精心整修，已一扫历史的尘埃，重新焕发出了耀眼的光芒。他将以崭新的姿态，见证一个全新的历史时期。

怡顺堂：两道屋檐的堂头屋

黄水晶

凤川街道翔岗老街忠孝门西南边，翔岗后街敬吉堂的正对面，有一座年代久远的堂头屋，这房子叫怡顺堂。当地人都喜欢叫它"华家门里"。

怡顺堂

怡顺堂是一座三间二弄二进的房子。它长19.67米、宽14.15米，面积为278.33平方米。

怡顺堂大门朝西，与对面的敬吉堂相对。敬吉堂因为造得年代比怡顺堂晚，房子也比怡顺堂造得高。怡顺堂不愿"低人一头"，他们便在大门上头屋檐上，再往上砌高了近1米的高度，如此，怡顺堂的西墙上就有了两道屋檐。敬吉堂建于清道光七年（1827）前，而西庄华本灏早在1661年就迁来凤岗，怡顺堂即便是他的后辈所造，也要早于敬吉堂。

怡顺堂的西大门外原本是有两个石阶的。现在后街垫高，石阶被埋掉了一阶。大门立脊下的门蹬上刻有蝙蝠图案。进入怡顺堂西大门，是为一进。进深四檩，7.60米。一进屋面为两坡硬山顶，南北墙为马头墙。大门内门厅，进深二檩，1.75米。由西而东，第二对柱子之间，置有一道4米长的石门槛，上面装着一排木屏门（现今已不见）。门厅南北两头置有边门。门厅东是为一进明堂。进深三檩，5米。大厅两边柱子间用的是匾方大梁，梁下隔断用的是木屏门。明堂两边是用屋，进深2檩，4.65米。南北贴墙处，分别置有由东而西的木楼梯。一进明堂北边用屋，是华国盛家的；南边用屋是华荣富家的。一进朝东的牛腿基本完好，上面雕刻的是狮子图案。

一进东边，置有一个长5.38米、宽2.78米的大天井。天井全由石板砌筑。天井露天部分，低于一进一个台阶，南、西、北三面水沟，宽为0.30米，水沟比天井中间平台低0.03米，出水在西北角。为方便进出，天井与二进交界处放有一根方形石条做踏步。该天井中间石板破损严重，说是长毛在天井烧过火堆。天井南北，分别置有0.95米宽的过道。两边厢楼，进深两檩，3.60米。屋顶为两坡硬山顶，天井二楼为跑马楼。天井南北，四只牛腿保存完好。可惜南北厢房花窗已被住户改造成门。天井南厢房是华国平家的；北边是华关新家的。

二进高出一进0.14米，进深六檩，8.55米，屋顶为两坡硬山顶，南北墙为马头墙。二进与天井交接处，置有一道2.25米宽的南北过道。两头开有1.10米宽的龙虎门。二进正中间是大明堂，明堂进深五檩，东西长7.60米、南北宽6.40米。明堂靠近天井的柱子，北边的一根，牛腿与柱子都烂掉了，现在换了柱子，没有牛腿；南头的柱子还好，牛腿霉烂厉害。明堂两边，由西而东第五檩柱子之间置有太师壁（屏门），上面朝西挂着"怡顺堂"大匾。明堂两边是用屋，南北进深二檩，3.45米。南北贴墙处，分别置有由西而东的楼梯。北边用屋里住着华关新一家，南边用屋住着华梅青一家。大堂屏门后面，是0.95米宽的后堂，那儿是华关新家摆放杂物的地方。

二进明堂立的"怡顺堂"大匾，"文化大革命"时，华梅青家人把它藏在楼上，还用报纸封在了板壁上。现在找出来，洗干净，再挂上去，色彩与周边环境显得有些不协调。"怡顺"从字面上理解就是和悦，愉快，顺风顺水的意思。可惜"怡顺堂"大匾制作简单了些，而且没有题名与落款，因而我们不知道这匾上的字出自谁之手，也没法借它来确定"怡顺堂"具体的建造年代。

经正堂：一种近乎完美的追求

黄水晶

经正堂

从墙里厅的前门道地，穿过南边经正堂的门楼，就到经正堂朝西的石框大门前了。

经正堂三间二进两弄，砖木结构。它东西长13.90米，南北宽11.80米，面积为164.02平方米。经正堂大门左右门蹬上，雕有鹿与仙鹤图案，寓福禄寿喜之意。进门，直接就是一进明堂。明堂进深两檩，3.50米，南北宽4.30米。屋顶为两坡硬山顶，南北墙为马头墙。明堂两边是用屋，进深2柱，3.50米。南边用屋，住着屋主后人李国申一家；北边用屋，住着土地改革时分进来的李木兴一家。李木兴将一进的小半个明堂围进自己家里去了。好在大梁，与柱子上的牛腿等构件没有被破坏，且保存良好。

一进明堂东面，是一个下沉式大天井。天井南北长6.00米，东西宽3.00米，深0.30米。天井四周留有水沟，水沟比中间平台低0.03米，出水在东南角。出水口挡板雕有鲤鱼跃龙门图案。天井露天平台的两边，置有两只须弥座，两只太平缸。

从西大门进来，走直路就得经过天井，就得迈两个专门铺在天井里的石条台阶。天井东西两边留有1米宽的过道。两边厢楼进深2柱，2.10米。厢房为重檐，二楼为走马楼，屋顶为两坡硬山顶。这里厢房已被改造，花窗已被卖掉，改成了玻璃窗。天井周边牛腿精美，且保存完好。二楼，环天井置有可以转环的走马堂楼。

二进高出一进一个台阶，进深4檩，7.50米，两坡硬山顶，南北墙为马头墙。二进中间为大明堂，进深三檩，6米，宽4.60米。临天井一边，置有1.20米宽的南北向过道，两头开有龙虎门。

经正堂

过道上方，是为拼花前檐廊。明堂两边，由西而东，三根柱子之间，架着长短不一的月梁。月梁肥硕，两头雀替雕花与月梁连在一起，看去就像是整根木头做成的。明堂西头，面向天井的一对柱子上，装饰着精美的牛腿。柱子底部的石础雕刻精美，主体位置上雕的是"莲花"，上下两头刻着的是回龙图案。大堂正中屏门上，挂有"经正堂"大匾。这匾额是莆田书法家郭尚光写的。大匾正面是黑色的，字是红色的，笔画的周边，勾有金色的线条。郭尚光的字刚劲有力，很有赵孟頫的风骨。大匾右边落款"莆田郭尚光"，下面有他的两方印章。左边落款是"道光庚寅秋仲"。道光庚寅是1830年。屋主取堂号"经正"，足见其追求的是一种正统的道德规范。"经"书也。原指一部合乎道德规范的经典。后用以形容态度庄重严肃，郑重其事。"正"，意思是不偏斜，平正。"经正"合一起，就是做人要做到不偏移，以正统的道德为规范。

二进明堂的两边是为用屋，进深2柱，3.00米。两边贴墙处，分别置有由西而东的木楼梯。北边用屋住着的是土地改革进来的李康明一家；南边用屋是李国申的。明堂屏门后是为后堂，进深2柱，1.50米。后堂楼下空间狭窄，东墙上开有一扇没有门槛的石边框的大门。这门与东面的康吉堂的石框大门近乎门连着门。经正堂西墙与康吉堂东墙之间只隔了一个0.40米宽的屋檐弄。

经正堂屋主后人李国升今年（2021）77岁。据他说，原本住这屋里的有他爸爸李生财，与爸爸的兄弟李良财。此外还有个叫"小妹妹"的姑奶，她是爷爷的姐妹。爷爷叫李振常（二十六世）。李振常的爸爸、爷爷是谁？李国升就不知道了。然而有一点是明白的，那就是经正堂匾上的落款是"道光庚寅秋仲"。道光庚寅是1830年，距今（2021）已有191年。以30年为一世计算，191除以30是6.37世。李国升77岁，77除以30等于2.57世。6.37减2.57等于2.8世。于是推测，经正堂是李振常的爷爷（二十四世）造的。李振常的爷爷把房子分给了自己的两个儿子，康吉堂分给了李振鹏的爸爸；经正堂分给了李振常的爸爸。

豫立堂：理想化的行事准则

黄水晶

豫立堂坐落于凤川街道翔岗老街东北头。当地人习惯把它叫作"高踏步上"。原因是房子地基高，从大门下到老街需要走5个踏步。

豫立堂是方姓人家的堂楼屋。这里的方姓是从石阜迁来的。从留在大门边门础上的石刻可以看出来，豫立堂主人应该是一个崇尚读书做官的人。

豫立堂为三间三进两弄堂头屋。长30.75米、宽15.20米，二进北边往东缩进一檩，总面积405平方米。该建筑坐东朝西，南北为马头墙。

走进面向西的石条框架大门是为一进。进深三檩，8米。门里1.75米处是一道长4.50米、高3厘米的石门槛。门槛上原来的屏门已被拆去。屏门东是为明堂。明堂两边用的是雕有图案的月梁。朝天井一面的大梁雕花更为精细。这里南边梁下还留着一只小牛腿，雕着的是花卉、花瓶图案。

一进明堂东是天井。天井长4.50米，宽2.65米。天井低于四周一个台阶，两边走廊边有过厢。二进高出一进一个半台阶。天井中间是堂屋住户进出的通道，天井与二进西侧连接处，铺着石台阶

豫立堂

与石护栏。天井两边过厢已被住户改造，天井两边也被改作了走路的过道。

二进进深四檩，9米。明堂进深7.10米。与后堂分隔的是一道木屏门。屏门下也置有一根长达4.50米的石门槛。豫立堂的堂匾是高挂在这道屏门的上方的。"凡事预则立，不预则废"，这是堂匾所要表达的立意。大堂两边柱子上用的梁都是月梁。屏门后面的后堂，已被改造成了往南去的过道。

后堂东是一个小天井。这儿原本是一座独立的房子。这房子是建造豫立堂的主人的。直至他的儿子做官了，屋主人才在老房子的前面建造了豫立堂。豫立堂二进与三进之间的那道墙，是老房子的。豫立堂是从这里拼造出去的，最后这老房子便也成了豫立堂的第三进。

三进进深7.50米。一进门，就是一个长4.50米、宽1.50米的小天井。天井两边有厢房，面向天井的柱子上也装饰有精美的牛腿。天井南边的厢房也被改造。三进明堂进深4.50米，后堂宽1.50米，置有一张南北向的楼梯。

现在豫立堂里还居住着4户人家，共有6人。这些住户都不是原屋主后裔，他们的房产都是他们从别人手里买来的。这说明方姓人在民国时候就已败落。94岁的徐金娜是1931年被一个做馒头的老板罗金明买进豫立堂里做童养媳的。那时豫立堂里还住有方姓人。徐金娜说，她看到过方姓祖宗的画像。方家只在大年三十祭祖时才挂一下老祖宗的画像。他家老祖宗头戴上有顶子，下垂红缨的帽子，朝服上都是珠子。不用说，屋主是个清朝的什么官员。老祖宗活着时，这里无疑繁盛热闹的，百姓嘴里"走进乌门闹洋洋，高踏步上豫立堂"的俚语就是见证。后来方姓人不知什么原因败落下去了，直败到这里寻不到一个姓方的后人。

老辈传下来的关于方姓人家败落的说法有点迷信。他们说木匠在造豫立堂时时，风水先生让他们在子时竖屋。木匠留好栋柱那一屏，系好绳子，单等子时众人一边拉一边呼号"站起来！"到了子时，帮忙的人都睡觉去了，拉绳子的人没有几个，那屏栋柱拉不起来。爬屏上等着合栋的木匠很焦急，他大喉咙喊："后头没人！后头没人！"家人连忙去喊帮工，那屏栋柱最后当然还是被拉起来了，可风水先生定在子时该喊的"起来，起来了"，变成了"后头没人"。方家后来就真的后头没人了！

集和堂：为人处世的最高境界

黄水晶

集和堂

集和堂坐落于凤藻堂遗址的东边，它的北边与凤清堂相连。东边是自家用屋。东南边有小路与正义堂相连。房子南边，是一条朝西通向老街的巷子。

集和堂坐东朝西，是一座三间两弄两进房子。房子南北宽15.80米，东西进深14.80米，面积为233.84平方米。西大门因为1925年的一场大火，门框被烧得惨不忍睹，内里构件，也因岁月久远，显得残破不堪。

集和堂大门里，木门早已腐朽。门廊也不见了踪影。门廊东西深1.15米，南北长6米余。单坡硬山顶。门廊的东边，置有一只下沉0.40米深的天井。天井南北长6米、东西宽3.35米，四周都留有水沟。为方便行走，主人在天井的中间，建造了一个南北宽为2.15米的"岛屿"。天井南北两边，分别留有宽为0.90米的过道。厢楼南北进深，二柱，3.60米；东西进深，三柱，5.25米。厢楼为重檐，屋顶为两坡硬山顶。一楼

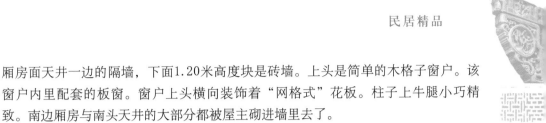

厢房面天井一边的隔墙，下面1.20米高度块是砖墙。上头是简单的木格子窗户。该窗户内里配套的板窗。窗户上头横向装饰着"网格式"花板。柱子上牛腿小巧精致。南边厢房与南头天井的大部分都被屋主砌进墙里去了。

集和堂二进高出一进0.26米，为方便行走，主人特意在天井中间与天井两边的过道衔接位置，摆放了石条以作台阶。集和堂二进由西而东，第一柱子与第二柱子之间，置有一条南北向的过道。过道宽为1.15米，过道两边开有龙虎门。

二进东西进深六柱，10米，重檐，两坡硬山顶。二进靠近天井的北侧那根柱子连同上面的月梁牛腿都烂掉了，现在那根柱子是后换上去的，与原件并不配套。明堂进深五柱，8.20米。明堂南北宽4.50米。明堂两边，由西而东第五根柱子之间置有太师壁（6扇木屏门）。太师壁上方，面西挂着"集和堂"堂匾。堂匾的下方，摆放着隔几、八仙桌、太师椅等物件。明堂堂匾下方，是房子的"心脏"所在，这里是屋主人祭祀先人，接待宾客的场所。这房子取"集和"为堂名，想表达的意思集中在一个"和"字上。"天时不如地利，地利不如人和。""和"是为人处世的最高境界。"集和"就是集良好的人缘关系。

二进明堂两边，柱子与柱子之间，用的都是月梁。两边雀替雕花与月梁连接得天衣无缝。集和堂明堂的南北两边，是为用屋。用屋进深二柱，5.30米。南北贴墙处，分别安放着由西而东的两张木楼梯。朝东墙上分别开有边门。集和堂楼层实在是太高了，地面到天花板，层高4.50米。这就让楼梯显得特别长，数一数，达到了25级之多。集和堂明堂太师壁后面，是为1.95米宽的后堂。后堂一般是没有后门的。这里居然开了一扇，那儿是去往东边正义堂的通道。

集和堂二楼的楼板下，都装饰着小方木做成的拼花图案。这形制可能还有支撑楼板，不使变形之功效。从集和堂的天井式样、牛腿雕花、天花板上的方木拼花，以及月梁上的造型等可以判断，集和堂应该是属于明朝时期的建筑。

梧新堂：梧州履新美名扬

黄水晶

梧新堂

梧新堂坐落于老街东边，"俞家台门"南边，仓里弄堂的北面。这房子长36.85米，宽14.92米，总面积为550平方米。

梧新堂是座明代建筑，大门朝西大街，门前专门建有一个宽2.05米、深5.75米的二进木门楼。

门楼一进为门面，进深3米，门楼雕梁画栋，正上方悬挂一块"岁进士"镶金匾额。这门楼是屋主人为儿子李昂得岁贡后，专门拼造出来的。翻看《李氏家谱》《忠烈传》得知，这位岁进士是明朝洪武年间（1368—1398）高中的。由此可知，门楼是建于洪武年间的，门楼后面的"梧新堂"是建造在洪武以前的。

门楼二进为过道，它连通里边的石框大门。门楼北边为马房，门楼南面为轿房，马与轿这是当时官员出行的必需行头。李昂知县虽然做官在外地，可作为官场上的人，这副行头还是要准备着的。门楼临街处，左右摆放着两块旗杆石，石头上立着两杆柏树做的旗杆（不会烂的）。大街上南北纵向铺着青石板，寓意笔直前行，步步高升。它处则是横铺的。

石框大门里面，为梧新堂正屋。一进中间，是一只大天井。北边与西边，属于檐廊式建筑。屋面为单坡硬山顶，南北墙为马头墙。中间大天井与它处不同：该天井没有排水沟；南北向的天井中间，东西向摆放着一条石板铺成的过道。人进入，须从天井中间这条石板路（桥）上走。

天井东为二进，它高出一进三个台阶。面天井处，置有栏杆。村里迎神，家中女眷只能在此观看。栏杆里面是过道，上为卷棚顶。过道南头开有边门。二进二楼，面西开有窗户。朝向天井的两根大柱子上，牛腿精美，美轮美奂。二进明堂里，摆有搁几与八仙桌。天花板上装饰着木格图案。东西柱子间，连着肥大的月梁，两头拱托上雕有精美的图案。这里是这房子的主体位置所在，是屋主人处理大事的地方。大堂中间，面西悬挂着"梧新堂"大匾。屋主人取"梧新"为堂匾名，是为纪念李昂"去梧州怀集履新（上任做官）"这件事。大堂两边是为用屋。如今南边屋里依然住着屋主后人。

二进中间明堂间的屏门，是六道花格门，左右房间的屏门是木头板壁。家里做大事的时候，中间这些花格门是要开启抑或要拆除的。花格门朝东面是正面，花格门下半块是木板，上半块是方格门。方格门上下横隔面上，都雕有精美的小件。屏门东是一条1米多宽的南北向的过道，它的南头连着一扇石框大门。平常日子，住这屋里的人出入主要走的是这扇南大门。

过道东边，中间是一个下沉0.50米天井。天井长5.20米、宽1.90米，两边是两个过厢。为方便行走，屋主人在这天井中间，也用石板做了一座石板桥。为解决过道两头的屋檐落水问题，匠人在两头各铺一块花石板，那花石板上雕有排水用的洞孔。为了美观，石匠师傅还将洞孔套在一个个相互连接着的图案里。这番操作，将石条行走、排水、观赏三方面的功用完美组合。天井四周建筑，均为重檐式走马楼。牛腿注重实用。

三进靠近天井一边，也留有1.50米宽的过道。过道南头也开有边门。三进中间明堂，朝西置有六扇格子屏门。上面是格子窗，两头嵌有图案花板。三进明堂是主人休息学习的场所。面西的屏门上方，悬挂着一块"贻燕堂"大匾。"贻燕"，就是使子孙得到安逸。明堂两边为用屋。三进后堂，是为1.35米宽的过道。后墙正中，开有石框大门。以上三进，就是梧新堂的建筑内容。

梧新堂屋主名叫李介夫。

嘉庆堂：福寿安康总嘉庆

李 龙

嘉庆堂

嘉庆堂（章庆堂）位于凤川老街东侧。坐东朝西，占地1078平方米。两坡硬山顶，马头砖墙，前立面双檐结构，以青石为门额和门柱，气势雄伟。全部建筑由正厅和偏厅组成。正厅三间二弄四进三天井，面阔15米，梢间较窄称为弄。正厅南侧为四间偏厅，两者间有狭长小天井用以采光排水。偏厅面阔相当于正厅总进深。整座建筑楼层互通，俗称"走马堂楼"。墙基与一楼门窗板壁下部均采用条石做基础，坚固而防潮。

嘉庆堂前的立面门枕石上雕刻的三只形态各异的狮子特别引人注目。在民俗中，狮子具有祛灾祈福的寓意，所以刻在进门前的门枕上是最合适的。

嘉庆堂第一进进深约7米。

天井以石板砌筑，底平，仅留排水口，置八边形须弥座两只，用以摆放太平缸。两侧为厢楼，门窗多有损毁，且易为墙体，但牛腿除上堂两只外另六只保存完好，用材肥厚；在黄泥掩藏下仍可见以深浮雕方式，雕刻精细。厢房四个牛腿包封部位均用双鱼，其下为各式花篮，然后是突出的如意，最下是佛手、石榴、寿桃等吉祥图案；牛腿上面斗拱层叠，制作非常精美。一进梁枋中间雕凤栖梧桐，两只雀替为透雕狮子。值得一提的是，如意图案在这里被广泛使用。如意是一种象征吉祥的器物，头呈灵芝或云纹，寄托"心想事成""如意吉祥""如愿以偿"的寓意。

二进高于一进，进深10米余，前檐廊因倒塌而重修，未做天头。北侧上堂牛腿为新做，明显小于其他原件；南侧为墙体所掩。前檐原木构件几乎无存。稍里楼房部分则保存完好，可见月梁粗壮，弧线流畅，雀替雕刻山水田园风光，石磉也施瓜楞纹雕刻。再往里面是小天井，排水沟雕以鲤鱼跃龙门图案；二侧为厢房，牛腿雕刻以麒麟图案。麒麟，是祥瑞之兽、吉祥神兽，主太平、长寿，所以是仁慈祥和的象征，常比喻为杰出之人，品德高尚、地位崇高。同时麒麟可辟邪，并能招财进宝，既体现了赠予者的尊崇之心，又能为拥有者的财富及子嗣送上一片真情和吉祥，使其家庭和睦、事业昌隆。

三进高出二进约40厘米，与二进间以墙体分隔，大门也是石条框架，枕石刻以松鹤和竹鹿图案。松鹤表示"松鹤延年"，代表长寿。因松长青，寓意长生不老；鹤则因为有灵气，寓意吉祥。竹鹿寓意福禄如竹，生生不息。三进进深4米余，天井仍为石板铺筑，置八边形须弥座二只；二侧为厢楼，门窗多毁而重修，只留下两块较为完整的涤环板。牛腿分别为狮子、鹤、鹿及水草纹，一只为新修，明显不如旧制。

四进进深近10米。柱间月梁肥大，上置挡板，雕刻丰富。门窗涤环板雕水草花及吉祥水果图案。这里最引人注目的是前檐廊天头花格，制作繁复而精美，中间三组、两边各一组，共5组。不同形状的线条以蝙蝠和云纹形花结相连，烘托出雕以寿字及鹤鹿形状的花心，图案统一而又有变化，寓意吉祥而喜庆。这一单元的雕刻，处处都于不经意间突出"福寿"的主题。

从四进南侧门可到偏厅，与正厅同样的石条门框。内部雕刻装饰较为简单且已作修改。

站在四进中间向西回望，大门洞开而庭堂幽深，有空间的深邃，更有历史的悠长，这种逐进升高而又方正规整的总体结构，自然饱含着建造者美好的愿望和恒远的祝福。

嘉庆之得名，当是取吉祥喜庆之意。《易林·萃之夬》曰："千欢万悦，举事

为决，获受嘉庆，动作有得。"但想到如果家中有朗健之长辈，何尝不是一件值得庆贺的事情？因此"嘉庆"一词在这里也完全可取用第二种含义：外出归家拜见父母。南朝颜延之《秋胡诗》就有"上堂拜嘉庆，入室问何之"之句。

后来有人告诉我，这堂名可能叫章庆堂。不管是什么名称，定然都是有一定含义在里面的。虽然道光年间的上一任就是嘉庆，如此取堂名似乎有违常理，但我倒更愿意还是嘉庆堂。

康德堂：仁心铸康德，妙手夺天工

吴燕萍

　　翙岗老街有诸多的古建筑，康德堂就坐落于翙岗老街和朱雀弄的交叉口。这幢建于清道光七年（1827）的老屋，经历百年风雨洗礼，依然风姿绰约地屹立在老街上。它占地面积295平方米，三间四进，无不显示着大方阔绰与贵族气派。作为桐庐县文物保护单位，康德堂自有其独特的魅力和价值。

康德堂

　　跨过大门的石门槛，走过窄窄的一进厅，迎面而来的又是一条高高的门槛，这是一个相对封闭的空间。四面大大小小竟然都是门，左右两侧的门上，还有小小的铜门环，看起来煞是可爱。这些门环，除了装饰的作用，还不失为一种敲门的好工具。

　　迈过二道门槛，便踏足进入了前堂。康德堂的前堂较为开阔，屋顶两根大梁上挂着红灯笼，为这古朴的老屋增添了鲜活的色调。前堂两侧各有四根大柱子，衔接起了三面墙。这些圆木柱都有柱础和柱顶石，它们敦厚的外形，让这些柱子看起来坚挺而结实，赋予现世安稳的感觉。

　　站在前堂，便可见这四角的天井了。天井里盛放着两只太平缸，缸上养着几盆花，为这沧桑的老屋，注入了一丝活力，也为这庞大的建筑，平添了一种灵动之美。天井真是一个独特的构造，让原本四合的空间，忽然就打开了一面，此刻，外面的流云雾霭，也就在这里荡漾多姿了。

　　天井两边的厢房上，都是四扇木格子的窗。木格子窗户上雕饰着鱼及其他花纹。鱼，谐音"余"，寓意着年年有余。

　　跨过天井，再次步入堂前，与刚才的相比，这里该称为"后堂"。后堂与天井交接的地方，梁间的牛腿，是双面人物，一老一少，相向而视，貌似文曲星送喜报，满脸欢喜，人物表情极其逼真。堂前墙上，悬挂着"康德堂"牌匾。"康德堂"三字的右边，竖排着一行小字，记录的时间是"道光七年桂秋"；左边的下首则是"淞桥徐元礼"的落款及两个印章。

　　这块牌匾，是整个屋子的眼睛，可以说，因为有它，这幢老屋便有了灵魂。"康德"的寓意显而易见，那就是希望子孙世代都能健健康康，德行高尚。在这幢老屋中，还真出了一些与医药事业有关的后代，他们经营药铺，生意兴隆。据目前居住着的住户鲁银富老人介绍，这幢房子，曾经住过一位大学教授，后来因为长期在外，回家不便，老屋才换了主人。

德语堂：怀仁义布四方

姚朝其

德语堂，位于桐庐县凤川街道翔岗行政村老街西侧弄，古民居建筑1048号。

该堂始建于清道光年间，由翔岗李氏家族建造。德语堂堂屋坐西朝东，为三间两厢三合式楼房建筑。东至路，西靠屋基，南至屋基，北与敬吉堂相邻之弄堂。建筑面积190平方米。

德语堂

整幢房屋系徽式风格，砖木结构。外形青砖空斗墙粉白灰，黑色老瓦片。高约7.5米，双坡硬山顶，马头墙。东墙大门为青石框架，门框上、下有石雕门榫，石门槛两侧门枕石雕有"松鹤""鹿衔仙草"花纹，进入大门有三梯石台阶。南、北墙开有边门，北侧有偏屋。东墙楼上二扇圆窗门，一楼为方窗。南墙楼有通往南屋的楼道，高墙挺拔典雅。

德语堂门枕石雕

进入大门，是门厅，深约2米。而后是天井。天井均有青石板铺砌，呈长方形。排水沟四周竖筑青石板，都有浮雕花纹，连沟底部隔石亦雕有莲花形，便于排水畅通。天井两侧为厢房，门朝西开，厢房门、窗均为方格式花窗装饰，门窗上饰有长方形花格，再上是梁枋，天井四周檐与檩之间均有牛腿，给人以优雅美观之感。

过天井便是堂屋，正堂两侧为厢房，厢房门朝东开，门窗亦是方格式花窗装饰，厢房地槛由石条砌筑，坚固美观，经久不腐。堂屋正厅是主人议事、招待宾客之场所，故庄重肃默、典雅幽静。堂中摆有搁几、八仙桌，堂厅两侧为太师椅、茶几，厅正中枋上悬挂"德语堂"匾额。谓之"德语"："德"则崇尚仁义道德，德布四方；"语"则遵循祖宗教诲，代代相传。

德语堂，于2017年1月，被列入浙江省第七批文物保护单位。

翔岗李氏家族在桐庐是望族，历史上曾出过许多文人，如元代李骧、李康（宁之）、李文（近山）、李恭、李寿之等。与明代开国大臣刘基交厚，刘基在元至正间，寓居桐庐时就住在翔岗李家。有诗为证：

和刘伯温来韵

李骧

自爱山中隐者家，杖藜随分踏江沙。

岁时野老频分席，朝夕山僧共分茶。

旅雁随阳寒有信，轻霜点染菊垂花。

青山翠岫半秋色，清簟疏帘落照斜。

题梅月斋宁之先生读书处

刘基

乾坤清气不可名，琢琼为户瑶为楹。

轩窗晓开东井白，帘栊暮掩西山青。

玉堂数枝春有信，银汉万顷秋无垠。

夜深步月踏花影，梅清月清人更清。

罗浮不独人间春，广寒不独天上人。

人间天上有如此，何时载酒来敲门。

留别李君宁之

刘基

群山雪消江水宽，主人情重欲别难。

我今自向玉岛去，短日斜倚春风寒。

满楼山色几时醉，永夜月明何处看。

人生有心无远近，频将书札报平安。

追悼李君近山

刘基

白头经丧乱，青眼总凋零。

解剑情何及，看山兴已暝。

夕岚空蕙帐，朝雨翳松铭。

痛哭幽明隔，酸凄孰为聆。

刘基曾在翔岗华林寺北学馆教书，为当地培养了许多学子；经常和李氏族亲把酒言欢，诗文唱和，情深意厚，并结识了徐舫等一批邑内名士为知己朋友。

经畲堂：有志者事竟成

黄水晶

经畲堂

经畲堂坐落于凤川街道翔岗朱雀巷西头的圆洞门里。它坐西朝东，为一座三间两弄二进的堂头屋。东西长18.70米、南北宽14.35米，面积268.35平方米。经畲堂大门朝东，门前有三阶石台阶，两边立有石护栏。门蹬上刻有"蝙蝠送福"吉祥图案。

一进进深三柱，6.10米。两坡硬山顶，南北墙为马头墙。门厅东西宽1.50米，南北长4.25米。门厅西是为一进明堂，进深4.6米。前厅两边二架横梁为平梁，跨度3.60米。屏门上方，挂有"志成"匾，意思是有志者事竟成。但匾已被人卖了。

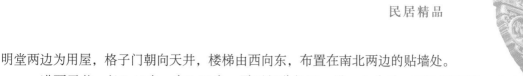

明堂两边为用屋，格子门朝向天井，楼梯由西向东，布置在南北两边的贴墙处。

一进西天井，长5.40米、宽3.30米，露天部分低于一进一个台阶。两边置有须弥座与太平缸。为方便行走，主人在天井东西边，分别布有长石条作台阶。天井东边也布有做台阶用的石条。天井南北留有1米宽的过道。两边厢楼为重檐，进深二柱，3.40米，东西宽4.30米，两坡硬山顶，二楼为走马堂楼。令人遗憾的是，厢楼的格子窗也被卖掉了。环顾天井周围，这里的牛腿特别厚实。雀替、梁坊等构件，雕刻精美，诸多出面的地方，都刻着不同字体的"寿"字。仔细看那花格子窗户，上面也镶嵌着不同的"寿"字。花窗装有玻璃，并配有木制内门。

二进高出一进一个台阶。前二步置有花板前檐廊。廊下为1.35米宽的南北向过道。过道两头开有石框做成的龙虎门。

二进进深四柱，9.00米。两坡硬山顶，南北为马头墙。明堂东西进深三柱，7.30米。南北宽4.50米。由东而西第三根柱子之间置有木屏门，"经畲堂"大匾就挂在这明堂的屏门上方。匾额是徐元礼题写的，落款是清道光七年（1827）。"经"是治理的意思，"畲"指火烧过的土地，经畲连一起就是经营农业生产。屏门后是1.50米深的后堂。中间有一扇石框大门直通后面的联庆堂。

二进作大厅用，用料考究。屋柱又粗又直，柱子下的石础饱满圆润。面向天井的两根柱子下，石础的四周，雕满"寿"字。东西柱子间的横梁上，也都雕有不同的花纹图案。横梁两头的小牛腿上，雕着狮子。面向天井柱子上的大牛腿，左右两面雕着山水画面，正中出面处还是寿字。

经畲堂用料气派，尤其是二进，石础如大鼓，莲花座；柱子一围粗，月梁肥嘟嘟。斗拱、雀替、牛腿，无不尽其奢华。横梁笔直展方，楼板用的都是平基。另外，经畲堂的建造，还有两个独特之处：一是防潮，经畲堂地基下铺满装着木炭的缸，用以吸水。二是防偷，经畲堂四周墙基内都埋有木桩篱笆，小偷即使挖穿墙体，一时半会要将那隐藏于墙里的木桩篱笆挖出来也不那么容易。

经畲堂内，200余个大小不一，形态各异的"寿"字，有的刻在石础上，有的刻在窗花格上，有的刻在牛腿上，有的刻在横梁上，充分表达屋主希望长寿的意愿。由此，经畲堂又被叫作"百寿厅"。

百寿堂是李蒲舟造的。房子又称为"走马堂楼"。这房子刚造好，就遇到长毛造反。李蒲舟担心长毛放火烧屋，吩咐每张楼梯头放100块白洋。他儿子李振熙在经畲堂、联庆堂与北面抱屋9张楼梯头，一口气放了900大洋。经畲堂逃过一劫，可家里再没钱买油漆了。

敬吉堂：敬事而信，安静吉祥

吴燕萍

在凤川街道翙岗老街，有一条深深的弄堂，与老街形成纵横交错的十字形状，这条东西向的街就叫作朱雀街。沿朱雀街向西方向走200米左右，便可见敬吉堂。

敬吉堂坐西向东，大门正对着门口的巷子。迈上高高的三级青石台阶，可见敬吉堂的门槛上雕刻着一些张牙舞爪的猛兽，正守护着宅子的平安。

迈进大门的门槛，便到了第二道门槛。推开二道门槛的双推门，便是前堂前。前堂前有根长长的横梁，横梁与两侧的柱子有雀替和牛腿，这些牛腿均雕以花饰。前堂前边上，有两间小房。小房的门正对着西边，与之相连的是正对天井的两间厢房。厢房的木格子窗有五扇，雕饰着小小的碎花，在细细碎碎中给人温暖踏实的感觉。

敬吉堂的天井里，也有两只太平缸，缸的底下是六角形的须弥座，镂空便于渗水。天井四周有一低低的凹槽，应该是原始的明面下水管道了吧，而这天井的凹

敬吉堂

敬吉堂

槽边上，竟然还雕饰着花纹，算起来也是讲究得很了。抬头望，天井四周的屋檐有重修的痕迹，天井底下有雀替支撑，同时也可以看作是堂前堂后的一个隔断。

说起隔断，就在天井和后堂前之间的顶上，有一个八卦花格平顶前檐廊。这个八卦形，有四层圆形圈成，中间一个镂空的小圆圈，同时有对半的十字型檩条交叉支撑起整个框架。如此造型，倒也是少见。天井与后堂前柱子上的牛腿，雕刻的是群狮图像，一头大狮子回头，向着拥簇在它身旁的小狮子张望，满眼慈祥，寄托着主人事事如意的期盼。

就在后堂前的墙上，悬挂着"敬吉堂"牌匾。这三个字，为徐元礼所题写。徐元礼，字淞桥，浙江桐庐人，清嘉庆十八年（1813）拔贡。徐元礼酷爱书法，草书、行书、楷书都很不错。翔岗村好多堂匾都出自他的手笔。康德堂的牌匾也是徐元礼的手笔。

敬吉堂的后堂前，开了一扇门。推门而入，又是一个小小的天井，中间放着一只太平缸，两边是小小的厢房，正对着又一个堂前，堂前堆放着诸多杂物，两边也有两间房。较之前三进的整洁大方，这里就凌乱而狭窄多了。堂前屋顶上燕子窝密集。

敬，谨慎仔细，敬事而信；吉，大吉大利，吉祥如意。四进房，在深巷，敬吉堂的故事，值得珍藏。

尚志堂：一炮走红的经典

黄水晶

尚志堂

尚志堂，位于江南镇环溪村的上角落头（南头），它坐北朝南，五间四进，砖木结构，是一栋由两座徽派风格的堂楼屋粘连在一起的组合式建筑。尚志堂大门对着鳌山，东西宽17.10米，总进深42米，面积718.20平方米。

尚志堂是一座有着强烈防范意识的建筑：它南北墙面都用高墙；东西两墙的马头，随内部建筑高低起落。房子楼层高，对外的窗户少且小。后堂家属楼，就二进天井过道两头开了边门。尚志堂前面"祠堂"与后面家宅是彼此独立。尚志堂三进与四进之间的天井里，建有二只鱼池。东西两侧各建一条具有防护意味的卵石甬道，利用围墙和后院将房子与外界隔开。

尚志堂南面的石框大门厚实，大门上方嵌有"恒丰履泰"金文门额，寓意永保富贵平安。

进尚志堂大门即为前厅。一进门厅东西长4米、南北宽1.80米，门厅北面统长的石门槛上是六扇木屏门。屏门北面是大明堂。一进明次间，都用肥硕的月梁。一进为二层楼房，两坡硬山顶。一进北是为天井，东西长7.20米、南北宽3.85米。天井东

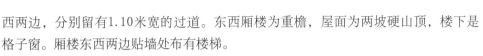

西两边，分别留有1.10米宽的过道。东西厢楼为重檐，屋面为两坡硬山顶，楼下是格子窗。厢楼东西两边贴墙处布有楼梯。

二进高出一进半个台阶。明堂口有东西向的过道，两头有龙虎门。明堂东西宽三间连通，10.80米，南北进深，三柱9.00米。明堂东西两边为用屋，明次间月梁肥硕。明堂靠天井一侧的过道上方，置有雕花的篷顶檐廊。明堂太师壁正位，挂着周氏先祖画像，上方悬挂着"尚志堂"堂匾。这匾里的"尚"指代不甚明了，"崇尚志气""高尚其志"都说得通。二进明堂面积很大，这里是家人祭祀先祖、议事、做红白喜事的场所。二进太师壁后，置有后退堂。二进与三进之间，留有1米来宽的夹弄。

尚志堂自鲞山而北，原呈南高北低走势。为改变这地形，屋主周汝亨不惜血本，硬是让工匠们垫高了北面地基，这也使北头的后堂高过了南头的前厅。尚志堂三进、四进是为后堂，这儿是周汝亨的家人居住的地方。房子的格局虽说与前厅差不多，但因为过度利用空间，使得这边给人的感觉相对逼仄。好在三进、四进靠天井一侧，都留有开阔的过道。

尚志堂四进比三进高一个台阶。明堂口也置有雕花的前檐廊，两边开有龙虎门。四进的明堂，东西宽4米，南北深约5米。

尚志堂的雕刻主要集中在两个天井的周围。前厅的雕刻主要反映的是有关男性世界的精神追求与审美：一进牛腿上雕的是"凤栖梧桐"；二进牛腿上雕的是"爵位世（狮）袭"。花坊、花窗上，有的雕刻"加官进爵""八仙神通"的人物故事，有的则是蝙蝠、麒麟、凤凰等吉祥动物图案。也有表现屋主人意趣与向往的，如如意珊瑚、聚宝盆、四季花果、琴棋书画、"鲤鱼跳龙门"之类。后堂表现的则多是对健康长寿、家庭和谐、多子多福生活的追求。三进牛腿雕刻的是松鹿和松鹤图，四进牛腿是敬老图。花窗、花坊、门窗上，有的是"鹿鹤青松"、寿桃、石榴、莲蓬图案，有的是敬老故事。令人诧异的是，在这些雕刻作品里，居然还镶嵌着一百多个大大小小、形态各异的"寿"字。四进平顶檐廊下那两块顶板上的寿字，居然衍化成了两个缠绵对坐的"人"。

总体看，尚志堂这种前厅（祠堂）后堂（家庭住宅）格局房子是应合人们对现实世界的认知的。尚志堂整体上看，布局合理，结构紧凑，雕刻精美，用料考究，是桐庐古建筑中的一件佳作。说到建造房子的钱的来历，当然是周汝亨做生意赚来的。不过村里人比较喜欢说周误入赌场一夜暴富的传奇。

云德堂：立君子之德

黄新亮

云德堂位于江南镇深澳村西南1398号，建于清康熙年间。建筑占地面积246平方米，坐东北朝西南，平面呈"矩形"。砖木结构，双坡硬山顶，置马头墙。三间二

云德堂

弄二进四合式楼房。云德堂是省级文物保护单位深澳建筑群中的单体建筑之一。

前进为石条框大门，始建时门额未题字，20世纪50年代末"三面红旗"时期，门额上书写醒目的朱红色"人民公社好"字样，打上了特定历史时代的印记。第一进梁架用三柱五檩；次间地面为黄泥、石子和石灰混合物筑铺，夯实又防潮。面朝明间方向两侧开门进楼梯上二层通厢房。牛腿上刻有螭龙和莲子浮雕图案。螭龙是古代神话传说中的一种龙。螭龙寓意美好、吉祥，招财，也寓意男女的感情。莲子图案含有莲和子的双重寓意，其一莲花具有"出淤泥而不染，濯清涟而不妖"之高品。莲者，廉也，清明、廉洁和公正，以告诫家人：以"廉"字为人格标杆，怀君子之德，立君子之品，行君子之道。旨在崇尚廉政文化。其二子者，子孙后代也。此"子"有多子多福之寓意，传承传统的民俗文化。细花格窗户，裙板普通无任何木雕图案，简约大方。天井平展，用青石板铺筑，明沟地漏，两侧设厢楼，厢楼梁架用二柱三檩；第二进高于第一进0.15米，明间两侧设边门，两弄设门置楼梯上二楼，置重檐，梁架用五柱七檩。明间牛腿上刻有螭龙的浮雕图案，寓意吉祥美好。后进设回间，明间中堂两侧置门。

2018年上半年至2019年12月，有五户钟姓人家居住在该屋，目前已腾空。近年来，云德堂得到保护和修葺。

怀素堂：孝行天下君子怀

李 龙

怀素堂

怀素堂坐落于江南镇深澳古村，建于清道光间，占地793平方米，三间三进两天井，"日"字型砖木结构，是典型的江南大户宅院建筑。堂名取自《中庸》的"君子素其位而行"，以及《易》中的"素履，往无咎"，取义"君子尝怀德矣，德乃其素得者也"。

怀素堂内部繁华的木刻雕饰，令人目不暇接。雕刻部位从高处的牛腿、月梁到低处的窗棂裙板和门扇锁腰板，从大的斗拱花枋到小的窗隔、花结，从梁头雀替到柱底磉蹬，无处不雕。雕刻手法从圆雕、镂空雕，到浅浮雕、深浮雕，可谓是无雕不精美。如后堂天井的两个狮子牛腿，东侧为"雄狮戏球"，所雕雄狮脚踩绣球作嬉戏状，其面部表情神采飞扬，栩栩如生。西侧为"母狮幼狮"，母狮俯首凝视，神态安详。幼狮仰面承欢，动态活泼。母子神形呼应，活灵活现，呼之欲出。两个大狮之间又遥相呼应，默契和谐。前厅两厢长窗隔板上的《二十四孝图》更是人物形象生动，故事情节逼真。其余如鹤鹿同春、竹报平安、榴开百子、喜鹊登枝等，也各尽其妙，不一而足。怀素堂无论是外观轮廓还是内部结构，无论是远望还是近观，都不愧为一幅优美的立体画卷。

据《桐南申屠氏宗谱》记载，怀素堂的主人则瓶公"幼习举子业，旁通素经星学及青鸟家言"，后因父母相继而逝，才"弃丹铅主持家政"。他以勤律己，以俭持家，以恕待人，终使家产日丰。于是购田置业，建怀素堂。怀素堂用材极为讲究，柱子粗直，梁架肥厚，仅二进大厅的4根金柱，每根周长就达100多厘米。则瓶公生活十分节俭，但对村中各项义举，如修建桥亭、道路、乡学等，总是慷慨解囊。曾多次于灾年平粜，救助鳏寡穷困之人，备受闾人尊崇。在家中，"奉祖母舒孺人，垂垂黄发挟鸠杖以追随""事继母姚孺人，默默深情听鸡鸣而勤省"，被人传为口碑，举为典范。他的这种"仁孝"思想，在怀素堂的建筑木雕中也有明显的体现，对后世有很深的影响。其后辈恪守祖业，并于民国时在堂西扩建两间抱屋，至今保存完好。

怀素堂的内部雕饰是一部中国古代家庭传统教育的箴言宝典，具有浓厚的儒家传统文化韵味。后堂横梁包封板分别刻以大篆"忠信孝悌礼义廉耻"，体现了主人的传统文化思想。12扇花格长窗，多用蝙蝠及梅兰菊竹，体现了对"多福"的期盼及对君子好德的景仰；花格中心则分别为十二月花神，体现了对农时的遵循和对美好理想的追求。长窗的夹堂板上刻着十二生肖图案，与十二月花神相映衬，寓意人丁兴旺。二进次间后的长花窗夹堂板上则雕刻着八骏图。八匹骏马或仰首长嘶，或垂眸低回，或扬蹄飞奔，或躺卧嬉戏，形态十分生动。一进天井两侧厢房的长窗上，刻有《二十四孝图》。从妇孺皆知的卧冰求鲤、扇枕温席，到不为今人熟知的拾葚异器、戏彩娱亲，一幅幅雕刻就是一个个生动的故事，向我们讲述着古时至孝的伦理，似乎是主人在特意告诫时人和后代为人的准则。中国自古就有"百善孝为先"的认识，《孝经》上更是说"夫孝，天之经也，地之义也，民之行也"，"孝"之于修身为人在古代是极为推崇的。怀素堂的主人，就是这样别具匠心地借木雕工匠之手，为我们留下了这部教义隽永的传统文化教科书。

孝思堂：国学大讲堂，人文新高地

黄新亮

孝思堂位于江南镇深澳古村，兴建于清宣统二年（1910），坐东北朝西南，占地面积368平方米，三间二弄二进四合院，南面和西面皆建有抱屋，砖石木结构，双坡硬山顶马头墙。

双重大门，前进石条框大门，大门两侧开边门，设置二道门入内，通间长青石条门槛。一进四柱九檩，厢房廊轩，双坡硬山顶马头墙。天井平展，三面明沟，一面暗沟，回字形，用大面积青石板铺筑。厢房廊轩，屏风墙。二进高出0.3米左右，明间东西两侧开边门，置四柱九檩，重檐卷棚，双坡硬山顶。正堂后进有退堂。

走进孝思堂，仿佛走进了国学大讲堂。通过工匠们的悉心雕琢，中国五千年传统文化之精髓完美演绎，传递着正能量。明堂左边牛腿上雕刻"忠"，此字最早见于战国，本义为尽心竭力，引申为忠厚。《书·仲虺之诰》："佐贤辅德，显忠遂良。"意思是帮助贤能之人，辅助仁德之人，表彰忠诚之人，启用善良之人。右边牛腿雕刻"信"，成也，最早见于金文。本义为言语真实，引申泛指诚实，不欺，又引申至信用，由此引申出确实义和可靠义。与其对应的是明堂牛腿分别雕刻"悌"和"孝"字，悌，本指敬重乡中长辈，古时乡中多是同族，后指敬爱兄长。孝，此字最早见于商代，本义为尽心尽力地奉养父母，引申转指晚辈在尊长去世后要在一定时期内遵守的礼俗，又引申指孝服。《孝经》：夫孝，天之经也，地之义也，民之行也。二弄厢房窗台下方左边牛腿雕刻"耻"和"义"字，耻，羞愧。耻，辱也。义，主要指公正合宜的道理。此字始见于商代甲骨文，引申为品德的根本，伦理的原则。与其对应，右边雕刻"廉"和"礼"。廉，本义指堂屋的侧边。如：廉隅（棱角，喻品行端方，有气节）。衍义：引申指"不贪污"。礼，最早见于甲骨文。《说文》：礼，履也。所以事神致福也。

桐庐古建筑文化基因解码

孝思堂

重温和传承"忠、信、孝、悌、礼、义、廉、耻"这八个字的要义,不仅对于我们立身处世、待人接物、置业参政、修身养性及确立正确的世界观、人生观和价值观,具有积极作用,而且对于确立文化自信,践行社会主义核心价值观,构建和谐社会,具有深远意义。

"文化大革命"时期,孝思堂的牛腿、裙板、窗格上的木雕图案毁损严重,重要部件几乎残缺不全。2015年10月,被列入桐庐县历史建筑保护单位。2020年下半年腾空,并对柱子及楼板等进行保护性修复。

凤林堂：矩范玉和照后人

周华新　周煜军

凤林堂

凤林堂为深澳下周家周艺堂（克棠）于同治七年（1868）兴建，位于景松堂以北，"新塘"之东北，十字路之西南角。坐东朝西，占地470平方米，石木结构，瓦顶石墙。五间二弄二进楼房，马头砖墙，石条框架大门，上有"矩范玉和"门额，正面屋檐下彩绘花草人物图案，至今尚保存清晰。南墙外建有抱屋，二层二间，占地84平方米。

一进面阔10.20米，明间三柱七檩，进深6米，两坡硬山顶。天井地面青石板铺设，与一进地面平，天井两侧为厢房，三柱五檩，两坡硬山顶。天井四周花窗、绦环板上雕刻有《三国演义》经典故事章节（空城计、三英战吕布、千里走单骑等），人物表情生动，动作栩栩如生，胡须眉毛细致可数。格扇门上雕有花草和动物等吉祥图案。琴枋面上还浮雕着天官赐福和福、禄、寿等人物形象。每条琴枋的端面各刻有一个篆体字，连起来就是"千祥云集、百福骈臻"吉祥语。天井四周楼屋檐下各置牛腿，雕刻精细，有母子狮嬉闹图，其线条生动，母狮身挂铜钱，上有"太狮少狮"字样。"大""太"似音，"小""少"似音，"狮""师"同音。古代官制中，太

凤林堂内堂

师为三公之一，少师为三孤之一，都是辅弼天子为政的高官。大小狮子喻太师、少师，借寓子孙世世代代高官厚禄。雄狮戏球图，神态可掬，也身佩铜钱，上有"耕读传家"四字。耕田以丰五谷，养家糊口，以立性命。读书以知书达礼，修身养性，以立高德。"耕读传家"就是希望后人既学做人，又学谋生，道德至上。在耕作之余，或念几句四书五经，或听老人讲讲历史传说，在平凡的生活中，优雅地接受圣哲先贤的教化。

二进地面高于地进0.25米，意寓一代高于一代。二进南北檐廊两侧各开有边门，明间前后五柱九檩，深9.50米（含退堂间）。梁架规整，石柱础雕刻线条流畅，整座建筑保存完好，结构紧凑。

凤林堂有周氏后人的许多趣闻逸事。不表前人如何利用聪明智慧，赢得建造房屋用的麻栎树的趣事；也不说前辈因机灵能干，被招募为某义军的账房先生，收获意外之财的逸事。今只说周家婆媳妇助家业兴旺的故事。话说周克棠之长子周金根已到了婚娶的年龄。俗话说"天上无云不下雨，地上无媒不成亲"，从父母之命，听媒妁之言，一表人才的周金根与荻浦村的申屠自沛之女，户对门当对上了眼，你来我往，就进入纳彩、问名、纳吉、纳征、请期、亲迎六部曲。可走到"亲迎"这部曲，也就是迎娶新娘那一天，节外生枝，不见新娘下楼上花轿，这可把新郎急得不得了。原来，新娘与自己的父亲扛上了。女儿向父亲讨要一张田契作为陪嫁，父亲一时犹豫，女儿便以不上花轿相要挟。父女俩几个回合下来，善良的父亲还是拗不过聪慧的女儿，女儿挑了一张离公婆家较近的良田地契，满心喜欢地上了花轿。嫁到周家后，申屠氏发挥自己特长，善良勤劳能吃苦、肯干敏捷有打算、孝顺大气会持家，在这个数十口人的大家庭中，做出了当家媳妇的贡献。每到秋收，凤林堂二进堂前的地上，晒干的稻谷堆成尖，每年还可以用余粮换钱，购置良田，不断增加家业，留下了一段又一段的佳话。

周氏的良好家风，激励着后代晚辈，至今仍光彩照人，就如同凤林堂"矩范玉和"门额所期望的一样，在她的后代中，有20世纪50年代深澳乡的首任乡长、有20世纪80年代的企业家，还有一位全国三八红旗手、第十三届全国人大代表。

积善堂：善积之家有余庆

黄新亮

　　积善堂位于江南镇深澳古村西大塘旁，属于省级文物保护单位，由申屠发孝建建于清道光二十年（1840）。坐东北朝西南，占地333平方米，卵石墙，双坡硬山顶。三间二弄二进楼房。一进五檩三柱，明间置回堂，明、次间均用茶原条石做地槛，

积善堂

次间长窗雕刻精美，天井用青石条铺筑，做工规整，两侧厢房均为双坡硬山顶，五檩二柱。二进地面高于一进0.35米，重檐卷棚，置前檐廊，明间两侧设边门。抱屋依附主建筑西北墙而建，为主建筑附属用房，同期而建。

明间内日用家具保存完好，有搁几、八仙桌、椅子、茶几，取材讲究，皆用硬性实木，制作精良，精雕细刻，有牡丹、凤凰、仙童、寿星等图案，寓意深远。还有分别置放在左右两边半圆形桌子各一张，可组合成一张圆桌。据说，若是男主人外出则需分开摆放，暗示来访客人谨言守正。另外，屋里存放着一台宣统元年置办的风车，搁置着灌溉农田用的水车两台，成为打上农耕文明时代印记的老物件、老古董。

据《申屠氏宗谱》补充记录，建造者申屠发孝有五个儿子，长者20岁，小者才5岁，家庭生活一度艰苦。其妻相夫教子，能干兴家。勤俭持家。从租客田换稻草做草纸生意，到产销一条龙经营，产品销往杭嘉湖地区。同时抢抓商机，诚信经营，积善成德，逐渐摆脱了贫穷的束缚，为此家业慢慢振兴起来。积蓄了一定的财力和物力后，谋划建造一幢四合院式的楼房，为使积善之传统或称为家风薪火相传，又合"积善之家必有余庆"之传统文化理念，因而命名。

历经近两个世纪的风风雨雨，积善堂依旧存活着，且焕发出新的生机。一是堂主的后代们坚持不懈地守护着，用烟火气濡养着；二是地方各级政府领导的重视，古建筑得以修葺和重生。2010年积善堂得到专项拨款由杭州古建筑公司负责修缮，室内管线改装，布局整理，尤其是重檐修复，瓦片调换，修旧如旧。

2015年4月，中央电视台四套《远方的家》——"北纬30度中国行"人文专题片，在深澳取景拍摄，原堂主第三代孙申屠盛洪在堂内接受了记者专访，他不仅比较详细地介绍了积善堂有关情况，而且讲述了背后一些鲜为人知的动人故事。

攸叙堂：申屠氏家族的千年守望

黄新亮

攸叙堂又名申屠氏宗祠，位于江南镇深澳古村。为申屠氏六世祖初建，属于明朝时期的建筑，已有770余年历史，历经"三建四修"形成现在的形制和布局，为深澳古建筑群代表建筑之一。

2015年，列入桐庐县历史建筑；2017年，列入浙江省文物保护单位；2018年，中央电视台四套《国宝档案》专栏取景，并为"家在钱塘"拍摄点；同年，列入杭州市农村历史建筑最佳评选入围单位。申屠氏家族开发的《何以为家？何以传承？申屠氏家族的千年守望》，2019年12月，由北京大学管理案例研究中心颁发案例收录证书。

攸叙堂坐东朝西，占地面积920平方米。正前方明堂构筑鱼池，可观亦隐，有石质围栏拱形石桥覆盖于鱼池之上，与大堂遥相呼应。大门八字开，"申屠氏祠堂"匾额承中国书法家协会会员、国家级美术师葛德瑞所题。门边石马，门前旗杆石，柏树、鱼池和石拱桥。砖木结构，五间三进，观音兜屏风墙，双坡硬山顶。面阔16.6米，总进深55.4米，明间九桁四柱。屋面铺设望板。明间金柱为圆形石柱，前后步柱为方形石柱。梢间不设边柱。两进和三进天井均用石板铺筑，两侧分别建有二层过廊、厢房。三进高于二进1米，明间九桁四柱，前后双步内五架，皆用方形石柱，石柱上原刻有清代书法家董浩题字楹联，"文化大革命"中被毁，后经多次修复，尚有二十余字无法还原。2011年8月再次重修。

1249年，申屠氏宗祠落成时，嘉名"裕后堂"，取"仰承祖宗垂裕后昆"之意。明成祖永乐年间至宣德元年，申屠氏第十一世孙橘阴公次子广携祖孙三代再建宗祠冠名"攸叙堂"。"攸叙"二字出自《尚书》"彝伦攸叙"句，攸，引"攸久不已，永延孝思"之义，祈望祖宗永享香火，子孙集会叙事之所。

攸叙堂

　　跨过高高的门槛进入祠堂，感觉气势宏大，形制完整，雕梁画栋，飞檐翘角。历史上做过三朝辅佐的申屠嘉，现代中国航空事业的奠基人沈图（原名申屠筠）等名人生平挂于堂内。出过进士和贡生，有武科，也有文科的，这些在科举时代申屠氏俊才和贤良，曾经家族的荣耀，写进了历史，写进了申屠氏家谱。

　　明厅正堂悬挂着一世祖夫妇的画像，长长的案几、八仙桌和太师椅，依次摆放，上方是"攸叙堂"匾额，介于两者之间的是皇帝圣谕。左右两侧太师壁分别悬挂申屠氏三始祖和六始祖夫妇画像。

　　正厅两侧墙面展示《申屠氏族规》共有十二条。

　　踏上七级石阶可进入荫堂，也称寝宫，是摆放祖先牌位，祭祀先祖先宗的场所。游客入内参观不得大声喧哗，并要求衣冠整洁。

听彝堂：院香庭香书香

周国文

听彝堂位于江南镇深澳古村后居弄，深澳自然村689号。"彝"，长辈对晚辈训诲之言。"听彝"即要听从长辈、贤人、圣人教诲。相传听彝堂的规矩是相当严格的。听彝堂建于清道光九年(1829)，占地面积277.4平方米。坐东北朝西南，砖木结构，双坡硬山顶，马头墙，三开间三进四合院楼房，靠北墙建有一层抱屋。

听彝堂

听彝堂用石条框架大门，前进梁架三柱五檩，牛腿雕刻精美。因为主天井较窄，只有在支柱外侧用四只牛腿作支撑，后进与中进间小天井四周支柱也有牛腿作支撑。不同的是在内侧各加了一支约0.3米×0.3米的小牛腿，这样既增加了支撑的牢固度，又提高了美观度。小天井上二楼有二个檐口约1.5米×1米，显得有点秀气。

听彝堂有两个天井，主天井6米×2.5米，比其他堂也要小许多，靠上堂前这侧没有排水沟。石板铺设，但做法考究。天井两侧厢楼，梁架用二柱三檩，双坡硬山顶。但上堂前又比别的堂要大，约8.5米×5.2米，靠天井角边分别立有二支柱子，显得很有气派。中进地面高于一进0.5米，梁架用三柱五檩，置前檐廊，檐廊两侧各有边门。后进与中进间东北与西南两侧各置一小天井，约3.5米×2.5米，二个天井的二楼屋檐口均与天井对齐。这样的做法对于一楼来说，采光效果是比较好的。

下雨天，雨水从二楼屋檐上直接落在天井里，经天井明沟排入阴沟，各有一处用石头雕刻、保存完好的出水口，再随村中的水系排出村外。中间设双坡硬山顶穿廊。小天井西北侧开有一扇边门，边门内再置一扇门，一大一小，根据不同需要打开，方便进出，增加了建筑私密性和安全性。小天井东南侧厢房也比其他厢房小些，平时主要用于放置杂物。两侧厢楼梁架用二柱三檩，单坡硬山顶。后进梁架用四柱六檩，建筑中雕刻精美。

听彝堂的门窗多为四扇格扇门，框内分格心、绦环板、裙板组成，雕刻有花鸟虫草、男女爱情以及男耕女织的场景。

由于当时环境因素需要让出一条卵石小街，听彝堂西北侧后边向内建成弧形。这在整个深澳古建筑中也是少有的。

现主人、近九旬的申屠志良老人，凭着对深澳古建筑的热爱和了解，守候听彝堂老屋几十年。常常亲自为各地到村里观赏古建筑游客做导游和模特儿，长髯飘飘的老人，亦被人称为"深澳村形象大使"。至今他已接待中外游客5000多名，他的形象图片已被多个国家摄影师拍摄并发表。老人乐观向上，以其独有的岁月积淀的气度和老屋涵养的风范，受到了各类艺术家的垂青。他们或以镜头，或以画笔，或以文字，留下了老人在老屋的精彩瞬间。申屠志良户以"院有净香、庭有花香、家有书香、创业有成、家庭和睦"被评为深澳村星级文明户。

听彝堂在2011年被列为桐庐县第四批县级文物保护单位。2017年纳入深澳古建筑群，列入浙江省第七批省级文物保护单位。